非金属焊接职业技能竞赛指导读本

赵　澍　主编

U0238803

山东大学出版社

序

  天然气是清洁、高效的低碳能源。加快推进天然气利用发展,既是优化能源结构,有效促进大气污染治理,改善生态环境的良好措施,更是满足人民群众对清洁能源的需求,实现能源体系多元化发展,提高能源资源合理配置的有效途径。

  近年来,全国天然气利用取得了较快发展,但仍存在占能源消费总量比重较小、消费结构和资源配置不合理等问题,与经济社会发展的要求还有一定差距。天然气的建设目标是通过合理组织气源,提高天然气管网的覆盖率,进一步拓展天然气在城镇、乡村、工业、交通和发电等领域的应用范围,扩大市场容量,提高利用水平。要实现这个目标,就需要建设庞大的燃气管网,聚乙烯(PE)管道的焊接质量就成为一个重要因素。

  2017年,山东省成功举办了全国首次省级非金属(PE)焊接职业技能竞赛,产生了大赛的优胜者,通过媒体的宣传报道,在广大民众和聚乙烯管道焊接行业中产生了热烈反响,提高了社会对非金属(PE)焊接行业的认识,促进和推动了非金属(PE)焊接技术的进步和行业质量意识的提升。

  当今聚乙烯管道焊接质量处于不断发展的阶段。近年来,随着国家气化工程的实施,聚乙烯燃气管道的施工工程量也随之大幅度增长,政府部门的监督和管理力度也在逐步加强。我们要高度重视聚乙烯管道焊接这一决定管网质

量的关键因素,引导企业和从业人员规范作业,安全施工,提升质量,做放心工程。

　　本书是借鉴了其他职业(工种)竞赛的成熟经验,凝聚了编者很大心血精心编写的非金属焊接技能大赛组织指南资料,具有很好的参考价值。该书对推动全国各地非金属焊接技能大赛的开展,进而规范技能培训,提升从业人员技能水平,造就更多、更专业的 PE 焊接作业人员具有积极作用,可为中国非金属管道焊接技术水平的不断提高,为燃气、化工、给排水等聚乙烯管网的安全施工和安全运行保驾护航。

何远山

2018 年 9 月

前　言

随着我国化学建材行业的飞速发展,我国的塑料等非金属材料的使用量已进入世界第一的行列。化学建材已成为继钢材、水泥、木材之后公认的四大类建筑材料之一,塑料管道在建筑工程、市政工程、工业建设中被广泛应用。尤其是聚乙烯(PE)管道,已被广泛地应用于燃气和输水管网,与人民群众的生活紧密相关。

聚乙烯管道的焊接质量是决定管网质量的重要因素。就目前的技术来说,还不能像金属管道焊口一样,采用无损检测的方法来检验其焊接质量合格与否,只能通过对"PE焊工"进行系统培训,通过严格的考核、严格的焊接机具控制、焊接过程控制及工艺参数、焊接环境等方面的控制来保证熔接焊口的质量。所以,PE焊工的质量意识和操作水平就成了焊接质量的关键。

非金属焊接职业技能竞赛是推动全社会关注和重视聚乙烯管道焊工水平的有效手段,更能在行业内起到促进聚乙烯管道焊工的技术交流和提升企业社会责任感的积极作用。

本书是在总结2017年山东省非金属(PE)焊接职业技能竞赛经验的基础上,参考国家相应的法规标准及全国各地不同行业和级别的职业技能大赛而编篡完成的,并附上了一套完整的组织大赛的相关文件,方便读者参考使用。本书可用作全国省级区域、地市区域或者行业、集团公司、联盟举办非金属焊接职

业技能大赛活动的参考资料，希望能对组织竞赛的单位有所帮助，进而对推动全社会聚乙烯管道焊工技术水平的提升尽一点绵薄之力。

本书在编写过程中得到了山东省人力资源和社会保障厅、山东省总工会、山东港华培训学院、西安塑龙熔接设备有限公司、山东胜邦塑胶有限公司等单位的大力支持和帮助，在此表示衷心的感谢。

由于水平有限，书中难免存在一些不足之处，恳请读者批评指正，以便我们再版时补充修订，以飨读者。

编　者

2018 年 9 月

目　录

第一章　概　述 ……………………………………………（1）

第二章　竞赛的申报和备案 ………………………………（7）

第三章　竞赛准备 …………………………………………（13）

第四章　竞赛文件的编写 …………………………………（17）

第五章　裁判员 ……………………………………………（20）

第六章　竞赛命题 …………………………………………（25）

第七章　竞赛的组织实施 …………………………………（30）

第八章　竞赛安全 …………………………………………（34）

第九章　争议与仲裁 ………………………………………（37）

第十章　技术点评 …………………………………………（40）

第十一章　竞赛总结 ………………………………………………………………（43）

附　录 ……………………………………………………………………………（45）

附录1　国务院关于推行终身职业技能培训制度的意见 …………（45）

附录2　关于进一步加强高技能人才工作的意见 ………………………（52）

附录3　关于进一步加强职业技能竞赛管理工作的通知 …………（60）

附录4　关于申办全国职业技能竞赛及参加国际竞赛活动有关事项
　　　　的通知 ……………………………………………………………（62）

附录5　关于印发《国家职业技能竞赛技术规程》(试行)的通知 ……（64）

附录6　关于印发《国家级职业技能竞赛裁判员管理办法》(试行)
　　　　的通知 ……………………………………………………………（71）

附录7　职业技能竞赛技术点评要点(试行) …………………………（75）

附录8　全国职业技能竞赛申请备案表 ………………………………（77）

附录9　全国技术能手申报表 ……………………………………………（81）

附录10　中华技能大奖申报表 …………………………………………（86）

附录11　国家技能人才培育突出贡献单位申报表 ……………………（91）

附录12　国家技能人才培育突出贡献个人申报表 ……………………（95）

附录13　中华技能大奖和全国技术能手候选人推荐表 ………………（99）

附录14　国家技能人才培育突出贡献候选单位推荐表 …………（100）

附录15　国家技能人才培育突出贡献候选个人推荐表 …………（100）

附录16　国家职业技能竞赛裁判员资格申报表 ………………………（101）

附录17　国家职业技能竞赛裁判员资格证书登记表 …………………（102）

附录18　国家级职业技能竞赛裁判员审验申请表 ……………………（103）

参考资料 …………………………………………………………………………（104）

参考资料1　山东省"技能兴鲁"职业技能大赛非金属(PE)焊接职业
　　　　　　技能竞赛赛务指南 ………………………………………（104）

参考资料2　山东省"技能兴鲁"职业技能大赛非金属(PE)焊接职业
　　　　　　技能竞赛技术方案 ………………………………………（115）

非金属焊接职业技能竞赛指导读本

参考资料3 山东省"技能兴鲁"职业技能大赛非金属(PE)焊接职业
技能竞赛裁判员手册 ……………………………………… (132)

参考资料4 山东省"技能兴鲁"职业技能大赛非金属(PE)焊接职业
技能竞赛 HSE 手册 ………………………………………… (148)

目录

第一章 概　述

一、竞赛的定义

职业技能竞赛是依据国家职业技能标准,根据国家经济建设发展对高技能人才的需要,结合生产和服务工作实际开展的有组织的群众性竞赛活动。其主要的特点是突出考核操作技能,突出提高解决实际问题的能力。

二、竞赛的分类

我国的职业技能竞赛活动实行分级分类管理,竞赛活动一般分为国家级、省级和地市级三级职业技能竞赛。

国家级职业技能竞赛活动分为两类:跨行业(系统)、跨地区的竞赛活动为国家级一类竞赛,单一行业(系统)的竞赛活动为国家级二类竞赛。

国家级一类竞赛由人力资源和社会保障部牵头组织,可冠以"全国""中国"等竞赛活动的名称;国家级二类竞赛由国务院有关行业部门、行业(系统)组织或有关中央企业牵头举办,可冠以"全国××行业(系统)××职业(工种)"或"××集团公司××职业(工种)"等竞赛活动的名称。除上述两类竞赛外,其他竞赛活动均不得冠以"全国""中国"等名称。

省级职业技能竞赛也分为一类竞赛和二类竞赛。省级一类竞赛主要从代表当地产业发展方向、覆盖面广、通用性强、从业人员较多、社会影响大的行业(系统)技能项目中遴选,由省级人力资源和社会保障部门牵头组织,相关省直部门、行业(协会)和中央驻省单位主办;获得一类竞赛决赛前两名的选手和获得二类竞赛决赛第一名的选手,可推荐申报"××省技术能手"称号。省级二类竞赛由省级人力资源和社会保障部门组织实施,或分行业(系统)组织实施,竞

赛项目由各省、市依据竞赛职业（工种）国家职业标准资格等级进行设置。

竞赛项目应结合科学技术、产业发展方向及不同地区、不同行业（工种）的特点进行设置并实行动态调整，使职业技能竞赛起到引领、推进和服务产业发展的作用。

三、竞赛的依据

1.法律法规

《中华人民共和国劳动法》。

2.政策性文件

(1)国家及有关部门发布的政策类指导文件。

(2)各省、市人力资源和社会保障部门发布的有关职业技能竞赛的指导性文件。

3.技术指导性文件

(1)职业竞赛规程类文件，比如《国家职业技能竞赛技术规程》等。

(2)职业竞赛裁判员的管理性文件，比如《国家级职业技能竞赛裁判员管理办法》等。

(3)职业竞赛技术类文件，比如《职业技能竞赛技术点评要点》等。

四、竞赛的组织机构和职能

各竞赛活动均应组建竞赛组织委员会（简称"组委会"）并发文公布。竞赛组委会研究确定整个竞赛组织机构的组成。

组委会的主要职责是全面负责竞赛的组织领导工作，对竞赛有关重大问题进行审查并作出决定，对竞赛结果进行确认，颁发证书和奖励等。

组委会是竞赛的最高领导机构，其一般由政府职能部门、行业管理部门和主办单位等有关人员组成。组委会一般下设多个工作组，如组委会秘书处、仲裁组、赛务组、裁判组、安全保卫组等。各工作组按照分工具体负责竞赛活动相关方面的组织、协调、安排和管理，并接受组委会的领导和监督检查。竞赛组织机构图（示例）如图 1-1 所示。

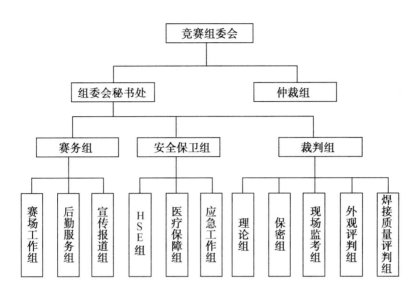

图 1-1 竞赛组织机构图(示例)

注:HSE 是健康(Health)、安全(Safety)、环境(Environment)管理体系的简称。

组委会秘书处在竞赛组委会的领导下,具体负责竞赛的组织安排和日常管理工作,一般下设赛务组、裁判组、安全保卫组等工作组,具体负责文秘宣传、会务接待、后勤服务、车辆管理、赛场筹备、应急处置、医疗保障等工作和理论出题、赛场保密、现场监考、外观评判、焊接质量检测等工作。

组委会秘书处的职能主要是:负责制订竞赛的具体组织方案及实施计划,并组织和监督实施;负责与竞赛各相关单位的日常沟通和协调;负责竞赛期间的各项宣传工作;负责竞赛奖品、物品(包括纪念品、宣传品等)的设计、制作和管理;负责竞赛经费的筹措、使用和管理;负责竞赛的总结和统计分析;负责裁判员管理和各专业组的工作安排和协调等工作。

仲裁组由竞赛组委会设立,接受和处理各代表队领队的书面申诉。仲裁组一般由资深专家组成,应具备及时解决竞赛过程中出现的各种争议的能力。由仲裁组作出的处理意见一般为最终处理意见。

为做好竞赛的各项技术工作,必须要成立裁判组(或竞赛评判委员会),一般包括理论、实操、监考、保密、专业测量和焊接质量评判等小组。裁判组(竞赛评判委员会)在竞赛组委会的领导下,全面负责竞赛的各项赛事工作。主要包括制定竞赛技术规则、评分标准及竞赛技术性文件等;负责裁判员培训;负责竞赛复习大纲的编制、辅导资料的选用等;负责参赛选手的培训和辅导;负责竞赛

场地、器械、材料、设备(包括对考试试件的检测设备)的检验、检测、确认及分配;负责竞赛各阶段的评判工作;负责竞赛结果的核实、发布,并参与竞赛结果的复核等。

安全保卫组的主要职责是:编制 HSE 手册;制订竞赛安全保卫方案;编制应急预案;勘查确定安全疏散通道和紧急避难场所,并保证通道畅通,做好消防安全工作;负责理论考场和实操现场的安全保卫,控制非相关人员的进出;保障各个部位的正常竞赛秩序等。

各竞赛机构须在竞赛组委会的统一领导下,明确各自的职责、任务和相互关系,分工协作,合力办好竞赛活动。

主办单位和承办单位应做好统筹和衔接,推动国赛、省赛与世界技能大赛逐步接轨,在全社会营造崇尚"工匠精神"、重视技能培养、尊重技能人才的良好氛围。

五、竞赛的奖励政策

国家鼓励通过职业技能竞赛选拔人才,对取得优异成绩的选手实施奖励政策。按照竞赛级别(国家级、省级、地市级)和类别(一类、二类)的不同,给予获奖选手不同的奖励。

根据人力资源和社会保障部门的规定,设置职业技能竞赛奖励政策如下:

对国家级一类竞赛各职业(工种)个人赛决赛获得前 5 名、国家级二类竞赛各职业(工种)个人赛决赛获得前 3 名和在国际竞赛活动个人赛决赛中进入前 8 名的选手(以上各类竞赛学生组除外),经核准后,授予"全国技术能手"荣誉称号,颁发证书、奖章和奖牌。根据竞赛职业(工种)国家职业标准资格等级的设置,上述人员可晋升技师职业资格;已具有技师职业资格的,可晋升高级技师职业资格。

对国家级一类竞赛各职业(工种)学生组个人赛决赛获得前 5 名、国家级二类竞赛各职业(工种)学生组个人赛决赛获得前 3 名和在国际竞赛活动学生组个人赛决赛中进入前 8 名的选手,根据竞赛职业(工种)国家职业标准资格等级的设置,可晋升技师职业资格。

对国家级一类竞赛各职业(工种)个人赛决赛获得第 6～20 名、国家级二类竞赛各职业(工种)个人赛决赛获得第 4～15 名的选手,根据竞赛职业(工种)国家职业标准资格等级的设置,可晋升高级工职业资格;已具有高级工职业资格的,可晋升技师职业资格(学生组最高至高级工职业资格)。

各省、市人力资源和社会保障部门或竞赛组委会可以根据当地实际情况，参照国家级技能竞赛的奖励办法，制定竞赛个人和团体的奖项名称及相应的奖励政策。

六、竞赛宣传

宣传工作是竞赛活动的主要内容，组委会应设立专门机构负责和开展竞赛宣传工作，包括利用广播、电视、报刊、网络等各种媒体及时传达竞赛活动的最新动态。

竞赛宣传的主要宣传点可以是赛事宣传，也可以是对获奖人员的宣传，还可以是对赛场装饰、宣传广告、现场表演等的宣传。总之，要通过宣传活动扩大竞赛政策、举办地、新产品、新技术以及新理念等的影响，促进"工匠精神"的贯彻落实，推动技能竞赛活动蓬勃健康地发展。

七、组织竞赛的注意事项

(1)多单位联合发文组织竞赛，应事先做好沟通工作。在联合发文前，需由发起部门发函商请其他部门共同办理，经有关领导批示后，再会签共同发文，并按规定向人力资源和社会保障机构的竞赛管理部门办理备案手续。

(2)有关部门或中央企业举办国家级竞赛活动，应事先与所涉及竞赛职业(工种)的行业主管部门就竞赛内容、国家级竞赛裁判员队伍建设、晋升职业资格等问题沟通一致后，再提出竞赛申请。

(3)竞赛组织单位应在竞赛组织开展前进行相应的经费预算和筹措，可通过申请专项经费、自筹、赞助、向参赛选手收取适当的参赛费等方式筹措。

(4)各级技能大赛应以世界技能大赛为引领，促进和鼓励企业广泛开展岗位练兵、技术比武等活动，打造和提升精益求精的"工匠精神"。

(5)要着力完善竞赛制度，创新竞赛形式，拓宽竞赛覆盖面，扩大竞赛规模，健全激励机制，扩大奖励范围，推广竞赛成果，促进提高技能人才培养质量。推动技能人才培养模式改革，培育"高精尖缺"技能人才，为我国高技能人才队伍建设、服务企业发展和转型升级提供坚实基础。

(6)选手在参加竞赛的全过程中(包括初赛、选拔赛、复赛、决赛等)，理论与实操考试均取得合格成绩后，方能根据相关规定晋升相应职业资格。每项竞赛最终只能晋升一级职业资格，不能超越国家标准资格等级的设置晋级。

(7)要结合竞赛项目(工种)的特点和竞赛进展，适时组织技术点评和技术交流活动,总结竞赛获奖选手的技术特点和成长规律,分析竞赛作品的技术难点和创新点,分享展示竞赛成果和经验,推动竞赛所涉领域技术创新和技能水平的提升。

(8)加强竞赛的宣传工作。要充分利用广播、电视、报刊、网络等媒体开展形式多样、富有特色的宣传活动,加大职业技能竞赛的宣传力度,宣传国家重视技能人才、加强高技能人才工作的政策措施,宣传技能竞赛在高技能人才培养、选拔和激励等方面的作用,引导广大劳动者立足本职工作,钻研新技术,掌握新技能,争创新业绩,带动更多劳动者走技能成才之路。

(9)随着新材料、新工艺的发展,非金属焊接技术在国民经济的诸多方面得到了越来越多的应用。非金属焊接职业技能竞赛在规范、提升从业人员技能水平方面有着巨大的促进作用,应引起足够重视。

第二章 竞赛的申报和备案

一、竞赛的申报条件

1. 竞赛主办单位的资格条件

具备以下条件的单位均可申请担任国家级或省（市）级竞赛活动的主办单位：

（1）能够独立承担民事责任的各综合部门、各行业主管部门（行业组织）、各人民团体、各中央企业等。

（2）有与竞赛组织工作要求相适应的组织机构和管理人员。

（3）有竞赛职业（工种）的国家级或省（市）级裁判员或与竞赛水平相适应的裁判员候选人，能按要求参加国家级或省（市）级裁判员培训考核并承担相应的赛务工作。

（4）有与竞赛规模相适应的经费支持。

（5）有竞赛所需的场所、设施和器材。

2. 竞赛职业（工种）的设置

竞赛主办单位应选择符合国家产业政策、科技含量较高、技术性强、通用性广、从业人员较多和影响较大的职业（工种）开展竞赛活动。同时，要求举办竞赛的职业（工种）必须在国家职业资格目录清单内，并具有相应的国家职业标准，且具有国家职业资格二级（含二级）以上等级资格。

相同的职业（工种）在两年内不得重复举办国家级竞赛活动。为确保竞赛质量，减轻企业负担，原则上每项竞赛设置职业（工种）限制在 3 个以内。

3.竞赛的实施期限

为加强竞赛活动的整体宣传,突出其社会影响,人力资源和社会保障部门和其他政府机构、行业组织每年将组织开展全国职业技能竞赛系列活动,并举行开幕式和闭幕式。为配合此项活动的整体运作,各类竞赛活动应在当年全国竞赛系列活动总闭幕式前一个月结束并确认竞赛结果。

各竞赛主办单位应合理安排工作,确保竞赛在年内组织完成。

4.竞赛的规模

举办国家级一类竞赛每一职业(工种)的同一竞赛组别参加决赛的人数不得少于60人;举办国家级二类竞赛每一职业(工种)的同一竞赛组别参加决赛的人数不得少于30人。参加决赛的选手必须经过公平、公正、公开的初赛、选拔赛产生。

5.参赛选手的条件

凡从事竞赛相关职业(工种)的从业人员,具有中级工(国家职业资格四级)及以上职业资格的,均可报名参加相应职业(工种)和组别的竞赛。其中报名参加学生组竞赛的,必须是在校学习且没有工作经历的学生。

已获得"中华技能大奖""全国技术能手"荣誉称号的人员,不得以选手身份参加全国各项目竞赛活动;已获得"××省技能大奖""××省技术能手"荣誉称号的人员,不得以选手身份参加该省同项目竞赛活动。

6.竞赛裁判人员

凡举办国家级职业技能竞赛,必须由国家级裁判员担任执裁工作;不具备国家级裁判员队伍的,应由主办单位向人力资源和社会保障部职业技能鉴定中心提交书面申请,并在其指导下组织开展裁判员培训认证工作。

举办省(市)级职业技能竞赛的,应该使用经过专业培训的裁判员;暂无条件的,应聘请熟悉本专业的专业技术人员、职业院校教师、企业技师及以上具有熟练操作经验的技能人才等组成裁判队伍。

二、竞赛的申报

1.国家级竞赛的申报时间

国家级竞赛根据人力资源和社会保障部每年第四季度下发的通知要求,报送下一年度的开展国家级竞赛计划。

2.国家级竞赛申报的流程(见图2-1)

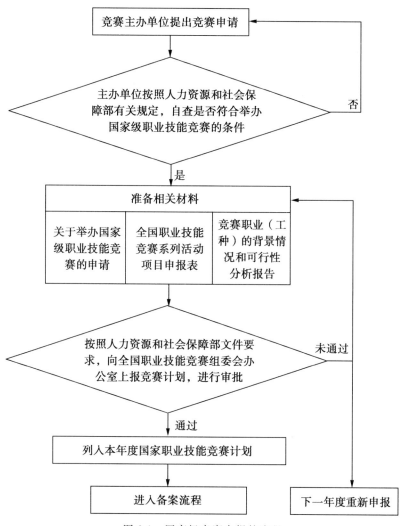

图 2-1　国家级竞赛申报的流程

3.国际职业技能竞赛的申报

国际职业技能竞赛是指由人力资源和社会保障部牵头,会同有关部委、行业主管部门或行业组织以国家队名义举办或参加的有关国际机构组织的技能竞赛活动。

行业主管部门或行业组织参加国际技能竞赛活动的,应报人力资源和社会保障部审批,由人力资源和社会保障部统一组织协调。申请参加国际竞赛的流程如图2-2所示。

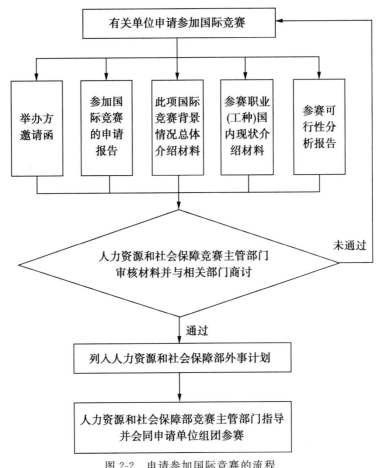

图 2-2　申请参加国际竞赛的流程

4.省(市)级竞赛的申报

省(市)级竞赛根据各省、市人力资源和社会保障部门的通知要求,报送职业技能竞赛计划及可行性方案。

三、竞赛的备案

1.竞赛备案时间

竞赛主办单位应于启动竞赛活动两个月前,经其主管部门审核后,报人力资源和社会保障部门竞赛管理机构备案。

2.国家级竞赛备案材料

(1)申请备案报告。

（2）国家级职业技能竞赛申请备案表（一式三份）。

（3）竞赛通知会签稿草稿（附电子版）。

（4）竞赛组委会成员名单（附电子版）。

（5）竞赛实施方案。

（6）竞赛技术纲要。

（7）技术专家组成情况。

（8）裁判员培训认证情况。〔尚未组建竞赛职业（工种）国家级裁判员队伍或国家级裁判员队伍人数不足的,应附国家级裁判员培训计划〕

（9）承办单位资质证明。

竞赛主办单位组织开展竞赛活动,要严格按照备案或批准的竞赛组织实施方案开展工作,如果对竞赛实施方案进行调整,需重新履行备案手续。

3.竞赛备案流程

主办单位应按照图 2-3 所示的竞赛备案流程的要求,准备齐全相关材料,报送人力资源和社会保障部门进行备案审核。审核通过后,方可进入竞赛流程。

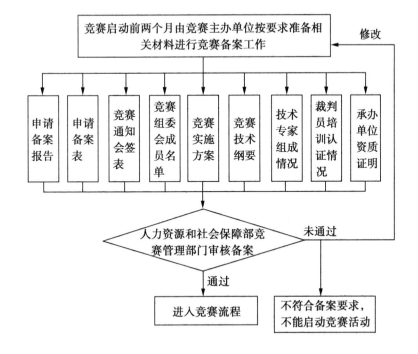

图 2-3　竞赛备案流程

四、国际技能竞赛的有关事项

（1）组织或参加国际技能竞赛，应引起组织者的高度重视，要切实处理好竞赛中涉及的政治问题、宗教问题和民族习俗问题。

（2）组织或参与国际技能竞赛，要充分考虑我们的技能水平和实力，要积极、稳妥地组织和参与国际技能竞赛活动。

（3）要按照相关要求，重视并做好国际技能竞赛的申报和备案工作。

第三章　竞赛准备

　　竞赛准备是竞赛活动开始前的重要工作环节,对竞赛能否顺利进行以及竞赛的质量、效果和结果都有重要的影响,要充分认识、认真对待。竞赛准备涉及竞赛活动的方方面面,要在组委会或秘书处的统一领导下,既要明确分工,又要密切合作,做好整个工作流程和各工作部位的沟通和衔接,确保竞赛活动的顺利进行。竞赛准备流程如图 3-1 所示。

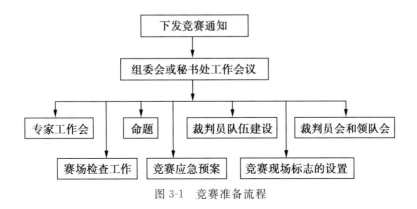

图 3-1　竞赛准备流程

一、下发竞赛通知

　　竞赛各主办单位在竞赛各重要环节的准备工作基本落实后,应共同会签和下发开展职业技能竞赛活动的通知。通知对竞赛各重要环节作出原则规定并公布竞赛组委会成员名单等,表明竞赛活动正式启动。

二、组委会工作会议

　　竞赛通知下发后,组委会应于赛前适当时间组织召开竞赛组委会成员工作

· 13 ·

会议,研究竞赛实施方案等相关文件,通报竞赛准备工作情况及安排有关工作部署。

三、裁判员队伍

裁判员是竞赛场上的执法者,要求具备较高的职业道德、专业技能水平以及良好的心理素质和沟通协调能力。原则上,裁判员需经专业培训并经考试合格后持证上岗。

裁判员要热爱本职工作,积极维护职业竞赛规则的基本精神,严于律己,公正公平,艰苦奋斗,廉洁奉公,团结协作,严格执法。

裁判员要认真钻研业务,具有较高的专业理论水平和丰富的实践操作经验,具有较丰富的临场执法经验和良好的心理素质。

各项赛事都应重视和加强裁判员队伍的建设,赛训结合,逐步提高裁判员的专业技术水平和执裁经验。在选用裁判员时,具有全国或省级竞赛活动裁判经验的裁判员应予以优先考虑。

四、专家工作会

下发竞赛通知前一个月左右,应组织参与命题的各位专家详细沟通技术实施方案、命题范围、命题原则、裁判规则、评分细则等内容。

竞赛过程中出现的问题,可以及时组织部分裁判员和(或)命题专家沟通解决,及时纠偏,避免后续赛程出现问题。

竞赛结束后,各位裁判员及专家应召开总结会,沟通竞赛过程中的亮点和问题,为竞赛点评做准备。

五、命题工作

参加竞赛命题的人选由竞赛评判委员会提名并报竞赛组委会研究确定。

理论命题工作一般在竞赛前一周内完成,命题人员必须与组委会签订保密协议书,并采取封闭管理方式确保命题工作的安全和顺利进行。

实操命题主要是实操焊接试件的设计和评分表的设计。焊接试件的设计应考虑与竞赛等级及奖励的技术等级相适应,应该包含常用的非金属焊接方法和设备操作。试件应设计成一个独立完整的结构,且可以方便地进行测量和评价,既要有一定的工艺难度,也要同步考虑焊后质量检测等。

实操命题工作一般在竞赛前一个月内完成,应考虑是否公布实操竞赛的图纸和评分点,以便于各参赛人员参照训练。

命题人员一般不参加竞赛评判工作。

六、赛场检查工作

竞赛组委会应在决赛前一个月按照竞赛技术文件的各项要求,组织有关人员检查竞赛场地、设备、工器具、原材料、配套设施及安全措施等准备情况。

非金属竞赛比赛场地应根据竞赛试件设计、所需工序、竞赛用设备、操作要求等确定工位面积;根据参赛人数、竞赛时间和进度等确定竞赛工位数量。为保证竞赛顺利进行,建议设立备用工位。非金属焊接竞赛对竞赛场地的电力供应可靠性要求较高,竞赛前应对电力供应进行测试。

七、竞赛现场标志的设置

竞赛现场应设立醒目的主题标志,注明竞赛名称、竞赛主要内容、主办单位、承办单位、协办单位和时间等。

理论和实操竞赛时,应在理论考场和实操现场各入口及通道处设置清晰、明显的指示标志,能引导、指示参赛选手和参观人员等顺利到达目的地。

实操竞赛场地及周边应设立和张贴指示和安全标志,主要分为以下几类:

1. 指定标志

此类标志主要用来指示区域和物品,使选手和工作人员明白自己所属的区域和物品的属性、用途,以便于及时找到场地、工位或所需要的物品。同时,也为放置的物品起到指定作用,做到物归原处,如医疗点、饮水处等。

2. 指引标志

此类标志主要是用来指引行进,保证走向正确方向的标志。比如中心会场的指引、安全通道的指引、公共厕所的指引等。

3. 安全标志

此类标志主要用来提示、警告人员杜绝危险,注意安全。常见的安全标志包括:"高压电",告诉大家高压危险;"安全帽",提醒佩戴安全帽,做好头部防护;"防滑",注意地面水、油等,防止滑倒摔伤;"防爆",告诉大家注意有爆炸危险的危险品等。

八、裁判员会和领队会

裁判员会一般在赛前一周左右组织召开,由参加技术筹备工作的主要专家

详细讲解竞赛相关技术问题和注意事项。非金属焊接由于强调过程操作的规范性,在裁判员会议上应着重强调各过程的评判细则。

竞赛相关组织机构进行裁判员工作分工和选手竞赛抽签等相关事宜的准备工作,并组织命题组人员编制决赛理论试题和实操考题等。

领队会一般在赛前一天召开,主要介绍竞赛准备情况、竞赛要求和注意事项,进行领队抽签等工作。领队抽签选出本代表队选手理论考试时间和座次以及实操考试场次等,由工作人员及时将登记表制出一式两份,工作人员和选手各执一份备案,选手必须依据该表参加理论和实操考试。

九、竞赛应急预案

为应对竞赛过程中出现的突发情况,应成立应急预案组,制订及发布应急预案,也就是为依法、迅速、科学、有序地应对竞赛活动中可能出现的突发事件而预先制订的工作方案。科学完善的应急预案,能最大限度地减少突发事件及其造成的损害。

非金属焊接技能竞赛常见的突发情况一般包括气候变化、电力故障、用电安全、高温烫伤、机械伤害、评判争议等。

十、前期工作及其他

竞赛开始前两天,应组织人员对场地、竞赛设备进行测试和调试,对竞赛用的试件进行认真检查,保证设备及竞赛试件完好。

赛前应及时确认参赛人员数量及个人信息,确定裁判的到位情况,若有变动应及时提出相应对策并认真落实。

检查确认应急预案小组的到位情况和工作情况,确保紧急事件的应急处理。

对参与竞赛记录、检录、设备维护、运送工具或材料以及提供其他必要服务的辅助工作人员,必须进行赛前培训。明确要求其工作职能和工作区域,服从和配合裁判人员的指挥,不越权参与和干预竞赛工作。

竞赛主办单位要随时掌握赛前准备的各项情况,遇有重要情况应及时召开组委会或秘书处工作会研究解决。

第四章　竞赛文件的编写

竞赛文件一般包括竞赛实施方案、竞赛通知、赛务指南、竞赛技术方案、裁判员手册、HSE 手册等。

一、竞赛实施方案

竞赛实施方案是由竞赛组委会组织有关专家制订的用于指导竞赛各项活动的文件材料，是对竞赛活动从目标要求、工作内容、方式方法及工作步骤等做出全面、具体而又明确安排的计划类文书，是竞赛活动能够顺利和成功实施的重要保障和依据。

实施方案一般包括以下几个方面的内容：

（1）竞赛的名称、目的、任务、时间、地点。

（2）主办单位、承办单位及赞助单位。

（3）竞赛项目、组别。

（4）竞赛办法、竞赛规则。

（5）竞赛名次与奖励。

（6）竞赛评判委员会与仲裁委员会构成。

（7）报名和报到、食宿安排、赛区交通示意图。

（8）安全与消防规定、应急疏散路线示意图、注意事项等。

二、竞赛通知

发布竞赛通知表明竞赛活动正式启动。

竞赛通知一般包括组委会名单、竞赛依据、竞赛项目及类别、竞赛内容和方式、奖励办法、报名资格、报名方式、联系方式及其他事项等。

竞赛组委会也可根据竞赛的组织实施进展情况先期下发预备通知。预备通知的内容一般是竞赛项目的公告和参赛单位需要提前准备的有关事项,竞赛活动的具体要求一般不列入其中。

三、赛务指南

赛务指南是为竞赛活动参与者提供的指导性资料,帮助竞赛活动参与者了解竞赛有关的各项工作及具体安排。

赛务指南一般包括:

(1)竞赛组织机构及工作职责。

(2)报到须知、竞赛日程安排、竞赛组织安排、就餐安排、车辆管理。

(3)竞赛应急预案。

(4)裁判员守则、参赛选手守则、赛场工作人员守则。

(5)违反竞赛规则的处理规定。

(6)开幕式时间和议程、闭幕式时间和议程。

(7)参赛选手名单、领队及教练员名单。

(8)竞赛场地平面图及交通示意图等。

四、竞赛技术方案

竞赛技术方案是依据国家职业标准,对参赛工种、项目所作的有关技术方面的规定。

技术方案一般包括:

(1)赛场准备、赛场组织。

(2)竞赛执行标准、竞赛流程、竞赛抽签规则。

(3)理论竞赛规则、实际操作竞赛规则、竞赛成绩评定标准。

(4)竞赛用设备、工具和材料等。

非金属焊接职业技能竞赛的技术方案,要充分体现非金属焊接的技术特点、工艺要求和质量评定要点。结合标准、规程和工程施工的要求,制订切实可行的技术方案,既能发挥出选手的技术水平,又能体现非金属焊接技术的先进性和发展趋势,起到良好的导向和示范作用。

五、裁判员手册

裁判员手册对裁判员的权利、行为准则、职责及工作内容进行了明确的规定,以指导裁判员科学、公平、公正地裁决,保障竞赛过程的顺利进行。

职业技能竞赛裁判工作简单地概括就是,由专门的裁判人员对专门的技能人员的技能行为进行评定。裁判人员能否对技能人员的技能行为作出实事求是的评价,将极大地影响整个竞赛活动的公正与公平。

裁判员应当围绕"一切以选手为中心"的工作理念,执行竞赛规则,保证赛事公平、公正,保障参赛队伍和选手的合法权益,维护竞赛的公信力和权威性,推动非金属焊接技术向更高方向发展,为加快培养高技能人才队伍建设不断努力。

裁判员手册一般包括总则、裁判长守则、副裁判长守则、裁判员守则、竞赛日程安排、评判标准、记录表卡、报告式样等内容。

六、HSE 手册

HSE 是健康(Health)、安全(Safety)、环境(Environment)管理体系的简称。HSE 管理体系采取的是事前进行风险分析,确定自身活动可能发生的危险及后果,进而采取有效的防范手段和控制措施防止事故发生,以减少可能引起的人员伤害、财产损失和环境污染的有效管理方法。

竞赛时的环境、设备、工具、时间限制以及参赛选手情绪紧张与激动,是对竞赛 HSE 管理体系的一项挑战。主办单位应注重 HSE 管理,防范可能的风险。

HSE 手册一般包含方针、目标、责任、个人防护用品、机具、工具、用电安全、消防安全、应急处理等内容和行为准则。

非金属焊接竞赛有其自身独有的特点,应充分考虑高温烫伤、机械伤害、电气伤害、火灾防护等意外事件,有针对性地编制 HSE 手册。

第五章　裁判员

我国的职业技能竞赛裁判员的培训工作是在实际工作中逐渐成长起来的,经历了一个从试点到规范、发展和完善的过程。2003 年,《国家级职业技能竞赛裁判员管理办法》(试行)出台,国家级职业技能竞赛裁判员队伍的建设和管理从此走上正轨。

从我国开展职业技能竞赛活动以来,裁判员队伍获得了长足的发展,竞赛覆盖的行业和职业(工种)逐年增多,近年来发展尤其迅猛。随着国民经济的快速发展和新材料、新技术的应用,相继有新的职业(工种)如非金属焊接等加入到职业技能竞赛活动中来,职业技能竞赛裁判员队伍也随之不断壮大。

一、裁判员的职业道德

裁判员作为职业竞赛活动中的执裁者,应该具备高水平的职业道德,以确保裁判工作的顺利开展和公平公正。职业技能竞赛裁判员职业道德的基本内容是:爱岗敬业、诚实守信、办事公道、文明礼貌、遵纪守法、团结互助、开拓创新。

"严肃、认真、公正、准确"八字方针是裁判员职业道德的核心内容,裁判员在工作中必须自觉执行。"八字方针"是既有区别又有联系的统一整体,其核心是落实在评判的准确性上,这也是衡量裁判员职业道德水平和专业技术水平高低的重要标准。

严肃:就是在思想上要正确认识裁判工作的重要性和严肃性。

认真:就是要有一个认真的工作态度,树立为竞赛、为选手和为职业技术服务的意识,兢兢业业,一丝不苟地做好各项工作。

公正:就是要出于公心,以事实为依据,以规则为准绳,秉公执法,不徇私情,不感情用事。

准确:就是要提高评判、评分的准确性,力求不出错或少出错,实事求是,应该是什么就判什么,依据实际操作情况据实而判。

二、裁判员的专业技能

职业技能竞赛中的裁判员肩负着推动职业技能发展和促进技能水平提高的重任,因此其作用尤为重要,除应具备较高的职业道德之外,还需具备一定的专业技能。

裁判工作需要裁判员具备专业技术知识和经验,同时还需要掌握科学的裁判方法,才能克服个人知识和经验的局限。

裁判员应掌握竞赛裁判的三个要素:裁判规则、裁判标准、裁判评分。

裁判规则是指裁判员的执裁准则,规定了裁判员的资格、选手的资格、竞赛程序、评分程序、排定竞赛名次的方法等;裁判标准包括评定竞赛行为的若干指标、评分量纲、最小记分单位及其意义等;裁判评分是指裁判员根据裁判标准对选手的表现作出判断,并通过记分的方式得出评定结果。

科学的裁判方法应该使裁定结果具备"有效度、有信度、公正公平"三个条件。裁判员应各自独立判断和评分,不允许任何其他组织或个人对裁判员的判断和评分施加影响。裁判应严格按照评分细则打分,排除意外因素,使评分的代表性更强,离散程度更小。

裁判员必须要有明晰一致的裁判指令,避免在竞赛过程中与选手有过多的交流,最大限度地减少对选手们竞赛行为和心理的影响。特别是在职业技能竞赛操作过程中,应当严格按照竞赛标准执行,不能随意中断或影响选手的连贯操作而导致选手发挥失常。

裁判员还要科学合理地调适评定偏差。任何评判都会存在评定偏差。通过培训,裁判员们可以了解造成评定偏差的可能原因和发生偏差的类型,指导自己的评判工作,有意识地控制产生偏差的因素,从而将评定偏差的影响控制到最小。还可以通过一些统计技术帮助竞赛裁判有效地控制评定偏差的影响,获得高质量的裁判结果。

裁判员之间必须加强配合,互相支持,并要处理好裁判规则掌握一致和合理实施的问题,以鼓励竞赛的精彩性等。这些都是裁判员执法水平的表现。

三、裁判员的培训认证

凡举办国家级职业技能竞赛,必须使用国家级裁判员担任执裁工作。不具

备国家级裁判员队伍的,应由主办单位向人力资源和社会保障部职业技能鉴定中心提交书面申请,并在其指导下组织开展裁判员培训认证工作。

国家职业技能竞赛裁判员实行分级管理,目前已逐步形成省级及行业级、国家级和国际级技能竞赛裁判员的管理体系。

(一)国家级裁判员培训认证

1.国家级裁判员培训认证流程

国家级裁判员培训认证工作的基本流程是报名—培训—考试—认证—颁发证书—年审,如图5-1所示。

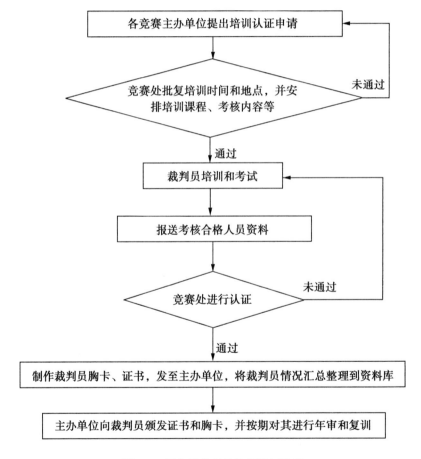

图 5-1　国家级裁判员培训认证流程

2.国家级裁判员年审流程

国家级裁判员年审流程如图5-2所示。

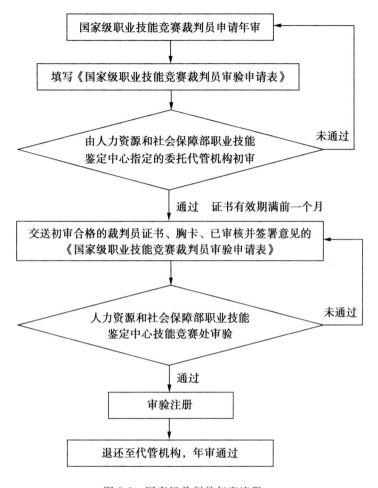

图 5-2　国家级裁判员年审流程

3.国家级裁判员的申报和管理

按照《国家级职业技能竞赛裁判员管理办法》(试行)的相关规定,举办国家级职业技能竞赛活动的主办单位根据竞赛组织需要,向人力资源和社会保障部职业技能鉴定中心提交国家级职业技能竞赛裁判员培训认证工作书面申请,经批准后,由各赛区(或参赛单位)按照国家级裁判员条件推荐候选人参加培训,经考试合格后颁发国家级职业技能竞赛裁判员证书和胸卡,并从中选择适当人选参加竞赛执裁工作。

(1)申报时间:各竞赛主办单位应于全国决赛前三个月向人力资源和社会保障部职业技能鉴定中心提交书面申请。

(2)申报材料:①主办单位关于开展××职业国家级职业技能竞赛裁判员

培训的请示。主要内容包括培训目的、培训职业(工种)、培训对象和人数、培训时间、培训地点和培训内容等。②国家级职业技能竞赛裁判员审验申请表。

(3)裁判员的基本条件:①热爱本职业(工种),具有良好的职业道德和心理素质,愿为本行业发展贡献力量。②在本行业具有良好声誉,原则上应具备职业技能鉴定考评员资格或工程师、技师职业资格。③具有丰富的本职业(工种)理论知识、实际工作经验和较高的专业技术水平,并参加过国家级和省级大赛活动。④原则上年龄应在55周岁以下,身体健康,能够胜任裁判工作。⑤具有较高的裁判理论水平和丰富的实践操作经验,精通本职业技能竞赛规则和裁判方法,并能准确、熟练运用,有一定的公平、公正执裁工作能力,具有参加执裁职业技能竞赛活动的经验。⑥积极参加劳动保障部门的相关各项赛事,完成组织安排的执裁工作,同时配合协助进行竞赛的组织筹备工作。⑦维护国家技能竞赛裁判员形象,不因任何原因损害国家级裁判员尊严和名誉。积极参加相关的裁判员培训和专业技术水平培训活动。

(4)培训认证和年审:①裁判员参加培训,经人力资源和社会保障部职业技能鉴定中心考试并认证合格后,颁发国家级职业技能竞赛裁判员证书和胸卡。②为不断提高裁判员质量,对其进行动态管理,人力资源和社会保障部职业技能鉴定中心根据裁判员的工作表现及所属行业主管部门(行业组织)和其所参赛职业(工种)裁判长的评价意见,每两年对裁判员进行年审一次,并在其证书上进行注册登记;每四年进行一次更新知识培训考核。复训一般安排在证书有效期满前一个月进行。

(二)省级及行业级裁判员的培训

省级及行业级竞赛的裁判员的培训认证,可以根据实际情况,参照国家级裁判员的培训认证方法实施。应当根据竞赛职业(工种)的具体要求,丰富、细化裁判员培训的内容。主办单位应向人力资源和社会保障部门的职业技能鉴定中心提交书面申请,并在其指导下组织开展裁判员培训工作,同时严格把握裁判员的资格条件,对裁判员证书进行严格管理。

培训的内容包括:

(1)裁判员的职业道德。

(2)裁判员的专业技能。

(3)竞赛职业(工种)的专业技术。

对经过培训的裁判员进行合格与否的考核确认,确认合格的,颁发裁判员证书和胸卡。

第六章 竞赛命题

一、竞赛命题理论与技术

职业技能竞赛一般以单项职业技能作为考试内容,主要考核参赛者单项职业技能的水平。职业技能竞赛命题以国家职业标准为内容依据,按照标准并参照考试的命题规则,编制和设计职业技能竞赛试题和试件。

1.职业技能竞赛命题的特点

命题内容应反映具体职业(工种)对参赛人员层次(等级)的要求,职业技能竞赛层次(等级)与相应的国家职业技能标准对应。

命题方法应使试题试卷具有内在的水平统一性和范围适用性。

2.命题的基本内容

职业技能竞赛命题的主要技术环节包括确定考试目标,命题,实施考试。

(1)命题的主要工作:①技术开发,包括考试理论基础、命题技术要求、命题的实施方案。②内容开发,由各职业领域专家按照国家职业标准的职业技术要点开发试题。编制考核要素表和考核项目表确定考核范围。

通过上述开发过程,生成竞赛试题和试题模板。

(2)命题的基本步骤:分析相应国家职业标准—制定要素表或项目表—编写试题方案和试题—试题审核及组卷。

二、竞赛理论知识试题编写

1.编写原则

(1)严格按照要素表中所列竞赛要素的内容要求编写试题。

(2)试题的考核点应与职业技能标准的考核点相对应。

（3）所命试题在内容上应避免偏题，在表述上应力求准确。

2.编写步骤

（1）分析职业标准：包括职业功能、工作内容、相关知识要求。

（2）确定考核项目：确定理论知识考核要素表，依据职业标准对应的单项技术考核要素细化出知识点表格，如表 6-1 所示。

表 6-1　　　　　　　　　知识点细化

职业功能	工作内容	知识
职业功能 1	工作内容 1	相关知识要素 1
		相关知识要素 2
	工作内容 2	相关知识要素 1
		相关知识要素 2
职业功能 2	工作内容 1	相关知识要素 1
		相关知识要素 2
	工作内容 2	相关知识要素 1
		相关知识要素 2

（3）编写考核试题：编写与理论知识考核要素表相对应的试题。

（4）确定试题类型：理论试题一般分为主观类题型和客观类题型两种。主观类题型一般有问答题、绘图题、计算题；客观类题型一般有单项选择题、多项选择题、判断题。

3.组卷

组卷过程一般包括试题入库、组卷核对、移交三个步骤。在确保范围及难度符合竞赛要求的前提下，可采用计算机抽题组卷或人工组卷两种形式。

技能竞赛为选拔型考核，试题应综合考查参赛者的个人能力，且通过加大难度保证一定的区分度。从保证区分度的角度看，主观题是很好的拉开参赛者成绩的题型。机械读卡方式快速高效和客观可信的特性获得了人们的一致认可，但其特性也限定了题型只能在判断题、单选题和多选题三种题型中选择。在此种情况下，合理设定多选题评分标准和题量成为拉开选手成绩的重要手段。另外，试题数量的控制是另一个决定试卷区分度的重要因素。

在试卷移交过程中应重点关注保密措施的落实。

三、竞赛实操技能试题编制

(一)编制原则

1.科学性

根据职业技能标准的要求和测量学基本原理编制试题。

2.可行性

考试设备和材料准备容易、成本合理。

(二)技能操作考核类型

技能操作考核按照操作特点可划分为过程评分、结果评分、混合评分三种。

1.过程评分

具有具体的操作规程,操作过程中会出现后续工序掩盖前序工序情形的操作,且操作质量对最终结果有决定性影响,必须对过程加以严格控制的操作工艺需采用过程评分形式。工作现场过于复杂,考核设备过于庞大,考核材料成本过于高昂,或受其他条件限制无法进行工作现场考核的,可采用模拟操作加口头答辩形式。

2.结果评分

操作过程简单、小型化操作设备、能通过手工操作或半手工操作的工种,以工件焊接完成后的检测结果为依据。

3.混合评分

具有操作规程限制,考核内容涉及设备操作方法的职业,以操作过程及工件检测结果为依据。

结合非金属焊接所具有的特点,一般选用混合评分的方式。在近些年的国际技能大赛中,对实操过程进行评价时,除采用测量性评判外,还增加了对参赛选手行为的评价性评判。在非金属焊接竞赛活动中,应当注重评价性评判,并适当增加评价性评判的比重。

(三)实操技能考核试题编制步骤

实操技能考核按照评核方式可分为现场考核型、典型作业型、模拟操作型三个类型。在试题的体现上,可以既是单纯的实际操作,也可结合口试及笔试的形式,综合考查选手的操作技能水平。

裁判员对选手操作技能水平的评判,依赖于操作过程中选手与操作对象、工具、环境乃至操作步骤的诸多因素的综合评价,所以实操技能考核比理论知识考试要求更为复杂。

实操技能考核的试件和评分设计是试题设计者需要重点关注的内容。一般来讲,实操技能考核命题分为以下三个过程:

1. 分析职业标准

列出所有操作活动要素,确定各层次考核内容结构,形成《技能考核内容结构表》(见表 6-2)。选考方式为必考或几项内容任选一项;鉴定比重最终合计为 100%。

表 6-2　　　　　　　　　　技能考核内容结构表

鉴定范围　　　鉴定要求	操作内容					合计
	操作内容 1	操作内容 2	操作内容 3	操作内容 4	……	
选考方式						
鉴定比重						100%
考试时间						

2. 确定考核项目

在确定竞赛考核等级后,对照《技能考核内容结构表》,将考核范围由大至小逐级细分至每一个可独立评价、考核的具体操作项目,也就是考核点。将考核点罗列出来,并标注出重要程度,形成《操作技能考核要素细目表》,包含考核范围名称、考核比重、考核点名称、代码、重要程度等信息。

每个考核点应包括本考核点操作时应达到的结果要求或技术标准。编制试题时需要考虑材料、成本、时间等因素。通过确定每个考核点的考核要求、具体配分值与评分标准,将操作技能可评价要素转化为竞赛中所用的考核项目。

3. 编制试题

编制技能考核试题就是按照考核点的总体要求,结合生产、施工、服务活动的实际环境条件和具体工作要求,按照规定的模式编写出用于竞赛实操考核的具体试题。

实操技能考核试题一般包含以下三部分内容:

(1)准备要求:完成本题要求的操作所需的前期准备,如材料、设备、工量器具等。一般分为选手准备要求和现场准备要求两部分。

(2)考核要求:本题分值、考核时间、考核具体要求。试题分值和考核时间均按照《技能考核内容结构表》的规定填写。

(3)评分和配分:一般采用考核点下统一的配分值和评分标准。

（四）组卷

1.组卷步骤

（1）根据《技能考核内容结构表》确定竞赛范围。

（2）根据《操作技能考核要素细目表》确定考核点。

（3）在考核点下选择试题。

（4）组成试卷。

2.组卷结果

（1）竞赛技能考核准备通知单,包含考生准备要求和现场准备要求两部分内容。

（2）竞赛技能考核试卷,包含试题分值、考核时间、操作要求、图样及文字说明等。

（3）竞赛技能考核评分表,包含考核内容、考核要点、配分值和评分标准、否定项及说明、加权汇总方法等。

四、命题常见问题

1.理论命题常见问题

（1）理论试题与理论知识考核要素不对应。

（2）同一考核要素重复命题,试题答案不唯一。

（3）单纯考核数组或文字记忆,条件和问题逻辑不统一。

（4）标点符号使用不当,让考生费解或误解。

（5）试题内容给本题或其他试题提供正确答案的线索或提示。

2.技能考核命题常见问题

（1）命题内容偏窄,不具代表性,不能体现选手技术水平及生产中技术发展趋势。

（2）命题内容过多,考核范围过大,造成现场准备及选手准备工作量剧增,选手操作量过大,影响竞赛实施进度。

（3）试题难度过低,造成选手成绩差别不大,区分度不好,直接影响竞赛严肃性。

（4）试题难度过高,造成大量选手无法在规定的竞赛时间内完成竞赛内容。

（5）评定结果的主观性过强。在对选手操作进行评分时应注重测量性评判,即评分应有具体标准和数据支持。做到评判有据,避免争议。

（6）考核项目具有安全隐患。命题结束后应进行验证性操作,以便排除竞赛过程中可能对人身和设备造成伤害的潜在危险。

第七章 竞赛的组织实施

职业技能竞赛由竞赛组委会负责组织实施。组委会一般下设仲裁组、赛务组、裁判组、安全保卫组、宣传组等。各工作组具体负责整个竞赛活动的组织、协调、安排和管理并接受组委会的领导和监督检查。

职业技能竞赛活动的组织应本着公平、公正、公开、高效、节约、环保的原则进行。

一、竞赛过程实施

竞赛组织实施过程是贯穿整个竞赛活动的主线，一般主要包括开幕式、理论和实操竞赛、技术点评、闭幕式等基本工作环节。竞赛组织实施流程如图 7-1 所示。

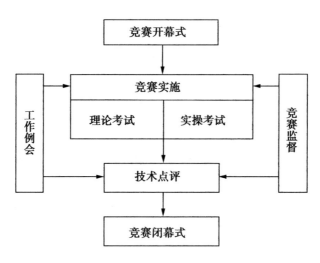

图 7-1　竞赛组织实施流程

1. 竞赛开幕式

竞赛开幕式的内容包括嘉宾介绍,领导致词,裁判员代表、参赛选手代表宣誓,宣布竞赛规则、日程安排和相关的管理要求等。

2. 竞赛实施

竞赛一般采取实操竞赛和理论考试相结合的形式进行。竞赛过程的一般程序包括确认选手身份,进行赛前教育(向选手说明竞赛技术要求等),对竞赛用材料、设备、工具的检查,抽签,赛场监考,对竞赛作品、试卷的评判打分,竞赛成绩、名次的确认、公布等。

上述程序中,抽签工作是保证良好竞赛秩序的重要环节。为保证竞赛公平、公开、公正地顺利进行,竞赛开展前,相关部门应组织各代表队领队(条件许可时,也可扩大至所有参赛选手)参加抽签工作。理论竞赛进考场前现场抽取座位号;实际操作场次号和抽签顺序号由领队在熟悉考场后抽取;实际操作的工位号由选手在进入实操考场前抽取。抽签号码为参赛选手在竞赛中唯一的身份标志。抽签号码与选手身份的对应关系需要进行保密管理。

理论竞赛采用机考或闭卷笔试形式答题,主要考查参赛选手对基础理论知识、相关技术标准和专业理论知识等的掌握程度。理论竞赛一般占总成绩的30%～40%。

实操竞赛依据竞赛规则的要求实施,其内容一般包括焊机调试和操作、管材切割、试件刮削、焊接操作、画线、焊缝标记、刨边、配件安装等工艺环节,由裁判员现场评定选手操作过程的熟练程度,对焊件外观进行测量和评判,检测焊缝质量,完成取样试验以及功能性、完整性检测等。实操成绩一般占总成绩的60%～70%。

3. 技术点评

竞赛技术点评工作是竞赛活动的一个重要组成部分,能对技能人才的培养和技术水平的提高及改进企业管理等起到促进作用,同时能不断地改善竞赛规则、工作流程中的不足,提高整体竞赛水准。

技术点评工作可以采用会议讲授的形式进行,也可以采用包括文字、图表、幻灯片、视频文件等的各种交流形式。其主要内容应涵盖竞赛的全过程,包括命题分析、评判工作分析点评、选手成绩分析和意见、建议等。

4.竞赛闭幕式

竞赛闭幕式的内容包括宣布竞赛成绩,宣读相关表彰决定,向获奖选手和单位颁奖,总结和技术点评,获奖选手代表发言,专业机构或单位技术交流,领导致闭幕词等。

5.注意事项

(1)竞赛主办单位要随时掌握竞赛实施情况。在竞赛的重要节点,组委会应及时召开会议,必要时公开发布阶段性竞赛情况。

(2)在竞赛中必须坚持公开、公平、公正的原则,严格执裁过程和竞赛监督工作,确保竞赛工作健康有序地开展。

(3)对参与竞赛记录、检录、设备维护、运送工具和材料以及提供其他必要服务的辅助工作人员,必须进行赛前培训并明确其职责。

(4)为保证竞赛公平,对同一项目需分批完成的竞赛项目,必须对参赛选手进行封闭管理,进入封闭管理区域的人员不得携带任何通信工具、照相机和计算机等设备。

(5)竞赛成绩应予以公布。

(6)要制定切合实际的竞赛宣传工作要求,严防过度宣传和浮夸现象。

二、工作例会

工作例会一般包括各工作组会议、各工作组组长碰头会、各领队联席会等局部的、阶段性的工作例会,以及全面的、总结性的工作例会。例会内容包括工作交流和总结、应对突发事件、及时处理技术问题、评判经验的切磋沟通等。

工作例会可以在每天固定时间召开,也可根据实际情况及时、即时召开。原则上每天竞赛工作结束,各工作组要对一天的工作进行汇报总结,以便于对赛事的进程进行整体把握,沟通出现的问题,规避可能的风险。如果遇突发事件、实操评判的技术问题或评判尺度把握不一致时,则需及时召开。

为及时沟通和解决竞赛过程中的有关问题,总结和分析竞赛中的个性或共性情况,裁判长应每天组织召开各裁判组例会,必要时可安排有关裁判员参加例会。若有争议,还应及时通报有关处理情况。

三、竞赛监督

竞赛过程监督是整个竞赛质量控制的关键环节。竞赛监督工作应由专人负责,受组委会直接领导,确保竞赛工作客观、公正、有序、安全。同时,还应对竞赛有关工作人员履行职责情况进行有效监督。

竞赛监督应涉及竞赛的全部过程,包括但不限于试件、试卷等的保管流转过程、操作过程、评判过程等。竞赛的各个环节都要留存完整的监督记录,并应保证可以追溯。

竞赛监督前期的重点是竞赛流程是否符合规则要求,安全措施是否到位等;中期的重点是监督竞赛规则、竞赛纪律的落实情况,如重点监督竞赛的程序实施、实际操作技能竞赛过程、成绩评定及成绩统计等关键环节;后期的重点是竞赛文件、记录、结果的整理、保存和后续撤离工作的检查等。

第四章 竞赛安全

竞赛主办单位必须在各竞赛现场配备专职的安全保障人员和相关的安全设备，设置醒目的安全标识，安排专人在竞赛现场办公并及时处理现场发生的安全问题，配备专门的救护人员和设施、器材，便于及时、专业地展开医疗救护。

一、现场安全区域划分

根据非金属焊接技能竞赛的安全要求，明确划分疏散通道、竞赛安全区域和竞赛危险区域，如竞赛实操区、裁判考评区、竞赛监督巡视区域、竞赛试件保密区域、焊后试验区域、配电盘及配电线路和材料保存区域等，并设置明显的标志和安全提示。

各个与竞赛活动相关的场地、驻地以及用餐等场所应配备相应的防火防灾用具，并张贴、发放针对火灾、地震等灾情的安全撤离路线图，明确标出安全通道和安全避难场所。

各区域应由专人负责本区域的安全事项，做到职责明晰，责任到人，协同配合，万无一失。

二、个人安全防护

参赛选手开始操作前，应当按照操作要求穿着、佩戴适当的个人防护用品。根据非金属焊接竞赛的特点，使用适当的防撞安全帽；当操作旋转机械时，长发必须束于头的后方，或者佩戴发网；操作加热板等高温器具时，应佩戴防护手套；应使用耳罩或耳塞等听力防护装置等。

在进行非金属焊接、切削作业时，必须使用眼睛与面部防护用品。根据实际工作内容，选择适当的防护手套。

竞赛期间必须始终穿着安全鞋。任何需要膝部跪姿工作的,都需要佩戴膝部防护用品,膝部防护用品应根据实际工作和场地进行选择。

竞赛期间必须穿着合身(紧身)的防护服,做好静电防护。不得佩戴任何珠宝饰物,比如项链、耳环、戒指、手镯、手表等。

选手必须确保自己使用的设备、工具及材料等不会妨碍其他选手。操作结束后,选手必须将设备、工具及工位清理干净。

三、非金属焊接作业安全

针对非金属焊接技能竞赛的特点,在开始竞赛前,参赛选手应对焊接设备、电线电缆、插座接点及接地等情况进行目视检查。若发现电气设备存在缺陷或故障,选手应立即停止操作,并立即报告监考裁判,不得擅自处理。

焊机连接电源前,应检查焊机开关是否处于"关"的状态。加热板最高温度可达 250 ℃以上,参赛选手必须注意避免烫伤。

聚乙烯等非金属材料都是可燃的高分子有机材料,在存放、切削加工等过程中,要注意防火安全;电源插座要接触良好,防止打火、发热等现象发生;用酒精(乙醇)擦洗加热板时,要注意周边环境,不能有明火和静电,因为气态和液态的酒精(乙醇)极易爆炸和燃烧。

四、用电安全

非金属焊接作业现场有大量的供电线路和用电设备。用电设备的安装、维修或拆除,必须由具备电工操作资格的人员进行;所有的电线接头不得裸露;所有电气设备都应保持干燥、清洁,电气设备周围不准堆放杂物。严格落实"三级配电两级保护""一机一闸一漏一箱"等临时用电安全规程。

五、消防安全

赛场应保持整洁,尤其是选手操作区和紧急疏散通道,禁止堆放任何杂物。电缆需要横穿交通道路时,必须使用电缆过桥板保护。

赛场须配备灭火装置,以第一时间控制、扑灭火情。发生火情时,无关人员必须立即疏散,集合到室外预定的紧急避难场所。

六、医疗救护

应在竞赛场地或附近设置医疗救护站,配备专业医疗救护人员,为参赛人

员提供临时的医疗救护保障,第一时间实施医疗救护。同时,要做好紧急病情、人身伤害等的预案工作。

七、交通安全

根据竞赛场地周边的交通状况,应设专人协调、管理参与竞赛人员进入赛场的线路、时间、车辆等。若有必要,应商请交通管理有关部门给予协助。停车场应设专人进行车辆调度和管理。

八、食品安全

应指定专人对参加竞赛人员的供餐单位和用餐地点的卫生状况进行调查和了解,务必保证食品安全。根据参赛人员的饮食习惯合理搭配膳食,并制订相应的应急预案。

九、紧急处置

竞赛现场和相关区域的安全疏散和救援通道必须保持畅通,并有明显的标志。所有参赛人员都应知道逃生和救援通道的位置和方向。一旦发生事故,安全保卫组必须迅速协助紧急救护。若有任何参赛人员生病或发生事故,应立即告知组委会进行救助。出现突发事故,须本着"先救人后救物,先救重后救轻"的原则,做好人身安全的应急处置和抢险救援工作。

第九章 争议与仲裁

争议与仲裁是竞赛仲裁组根据当事人的申请,依照相关规定对竞赛过程中产生的争议进行评判和解决的活动。仲裁工作应独立进行,不受其他组织和个人干涉。

一、仲裁应当遵循的原则

(1)自愿的原则。

(2)仲裁独立的原则。

(3)根据事实,符合规定,公平、合理地解决纠纷的原则。

二、竞赛争议的类型

根据非金属竞赛的特点,竞赛过程中的争议一般分为规则性争议、流程性争议、技术性争议等。

规则性争议是因对竞赛规则本身的内容条款的异议和规则执行中的不同见解而产生的争议;流程性争议是对竞赛工作程序的不同见解或过程安排中的抱怨或异议;技术性争议是指在竞赛理论试题、实操试件、评分标准、场地器材、焊接设备、技术评判等方面产生的争议。

除此之外,竞赛活动中产生的其他争议,均应认真研究,慎重仲裁。

三、仲裁依据

根据仲裁的类型和特点,一般情况适用的依据是:

(1)国家、行业颁布的标准、规程。

（2）竞赛组委会发布的竞赛规则、评判标准、工艺要求等文件。

（3）国际、国内同类竞赛适用的规范性方法。

（4）本行业通用的工艺方法。

四、仲裁机构

竞赛组委会应设立仲裁组（或仲裁委员会），负责竞赛仲裁工作。仲裁组一般由 3 人组成，设组长 1 名。仲裁组履行下列职责：对竞赛过程和裁判工作进行监督检查；接受各代表队领队的书面申诉；对竞赛中出现的争议进行仲裁，提出处理意见。

五、仲裁流程

申请仲裁必须由参赛队领队以书面形式向仲裁组提出。仲裁申请应当载明以下内容：争议人双方姓名、单位名称、领队姓名、有效联系方式以及申诉的事实和理由、申请日期、时间等。

仲裁请求应注重事实描述，简明扼要，要有充分的证据，同时要明确提出自己的仲裁诉求。

仲裁组收到仲裁申请后，应在规定时间内作出受理或者不予受理的决定。仲裁组作出受理决定后，应立即告知争议另一方当事人；该当事人应在规定时间内，向仲裁组作出答辩。争议另一方当事人未按时答辩或拒不作出答辩的，仲裁组即可认同申请方所述事实。

仲裁组应在竞赛成绩公布以前作出仲裁裁决。仲裁组作出仲裁裁决，应当以书面形式通知当事人，同时留存备案。裁决书应当载明仲裁请求、争议事实、裁决理由、裁决结果和裁决日期等内容，由仲裁组成员签名。

六、仲裁回避

当仲裁人员与争议双方当事人有利害关系，可能影响公正裁决时，仲裁人员应当申请回避；当事人及其代理人也可以申请仲裁人员回避。

当事人申请仲裁人员回避，应在作出仲裁决定前提出，并说明理由。仲裁人员是否回避，由仲裁组组长决定。仲裁组对回避申请作出的决定，应通知当事人。

七、信息安全

仲裁组在仲裁过程中,有权对竞赛活动中争议双方有关人员与仲裁活动有关的档案、资料、操作和评判记录以及成绩等进行查阅和复制。裁判员和工作人员应当予以配合。

仲裁组及仲裁人员应对仲裁工作过程和争议双方的资料、信息等予以保密。

第十章 技术点评

技术点评工作的主要内容包括竞赛各职业（工种）技术点评材料、竞赛试题（包括理论和实操）、竞赛各类技术文件和相关规定等，是加强技术交流的一种重要方式。技术点评材料可以采用文字、图表、幻灯片文件、照片、视频文件等多种形式，主要是宣讲竞赛职业（工种）的核心技能、关键技术和职业知识，分析竞赛作品的技术难点和创新点，指出竞赛中出现的普遍性或典型性问题，提高竞赛选手的职业能力和创新能力。

一、技术点评的一般要求

1. 人员要求

（1）技术点评专家应精通本职业（工种）的相关技术技能，熟悉竞赛的评判规则和技术文件，一般由竞赛裁判长或副裁判长担任。

（2）参加人员为参赛选手、领队、裁判员和其他相关人员。

2. 时间要求

技术点评应安排在竞赛活动期间，一般选择在理论和实操竞赛成绩公布之后、颁奖活动开始之前进行。点评的时长根据竞赛职业（工种）以及竞赛项目和点评工作需要而定，原则上不超过半天。

3. 场地设施要求

（1）场地：应能容纳所有决赛选手、领队、裁判员、其他相关人员和媒体人员等。

（2）作品展台：依竞赛工种（职业）的需要，在条件允许的情况下，在点评现场设置展台，展示优秀选手作品。

（3）多媒体设施：计算机、投影仪、话筒、音响、激光笔等。

4.内容要求

点评前应就竞赛理论成绩、实操成绩、竞赛整体技术技能情况等内容召开专家会进行分析,依据相关数据得出结论,形成一套完整的分析报告。点评内容要紧扣竞赛主题,简明扼要,深入透彻,要突出点评重点,应在本行业和竞赛职业(工种)中具有较强的代表性和广泛的指导意义。

5.技术点评形式

(1)原则上以讲授形式为主,同时可采用互动方式进行答疑。

(2)应充分利用现代多媒体手段,帮助参加人员接受和理解点评内容,方便其与点评专家的交流。

(3)在点评实操相关内容时,可结合竞赛实操设备、操作要点、评分规定和竞赛作品等,将讲解与示范结合进行。

二、理论试卷点评要点

1.理论命题分析

(1)命题思路:阐述竞赛活动的命题依据,简要说明命题的整体思路。包括理论知识考试的命题范围、难度、题型、题量,对选手能力考核的设计内容、考核的关键点和配分原则等。

(2)水平比较:可与国际、国内相同或相近职业(工种)技能竞赛进行横向和纵向的分析比较,阐述竞赛命题的特点。

2.理论试题分析

应根据参赛选手成绩的统计数据,结合定性与定量分析,对试题的重点部分和新考点进行解析。对失分率较高的试题进行详细讲解,帮助选手找到自己知识体系的薄弱点,及时补足知识点,为今后的工作和学习打下坚实的理论基础。

3.成绩分析

可从参赛组别、选手技能水平、年龄层次等不同角度,按照不同的统计方法,对竞赛成绩分值分布情况等进行汇总分析。可以辅以图表,更加简洁、清晰。

4.总结和指导

通过对选手成绩进行科学的解析判断,客观分析竞赛中取得成绩的原因和出现的问题,并给出相应对策。

分析结果应对培训和考核非金属焊工工作的发展方向、导向有启示作用。

三、技能实操点评要点

1.实操命题分析

应阐述实操竞赛的命题思路,简要说明命题的范围、技术要点、难度、考核

关键点和评分设计等,侧重结合参赛选手的实际操作情况进行分析和讲解。

2.裁判执裁分析

裁判执裁分析一般包括对选手实操的标准符合性、时间控制、尺度把握、现场控制、应急情况处理等方面的分析。

由于竞赛为选拔性评核,为保证其公平、公正性,对评分项目大部分采用的是客观性评核,少量项目采用评价性评核。竞赛过程中选手在竞赛规则允许范围内,通过对操作流程的优化取得更好效果的,现场裁判在执裁过程中也应及时发现此种亮点并记录下来。在进行技术点评时,将这些会提高工作效率或工作质量的优化方法及时公布给所有参赛选手及全体裁判员,以促进行业技术水平的提高。

3.选手操作分析

(1)准备工作:对选手心理准备、知识技能准备、工器具准备、材料准备、记录表格准备、安全准备等各方面进行分析。

(2)操作过程:应包括对选手实操过程的时间控制、工艺控制、质量控制、竞赛作品的自检、操作熟练程度、工艺纪律执行及应急情况处置等方面的分析,以及发现的先进操作方法的介绍等。

(3)操作结果:汇总分析所有选手的操作评分记录以及实操工件测量、检验的结果,找出普遍性和典型性的问题。既要对实操过程中存在的普遍性问题进行分析,也要对实操中发生的特殊性、典型性案例进行点评,以达到通过竞赛活动逐步提高参赛选手、相关企业和行业技术水平的目的。

4.水平比较

将本次竞赛与国际、国内相同或相近职业(工种)技能竞赛进行横向和纵向的分析比较,结合竞赛技术文件、评分规则、选手操作、具体实例等,对竞赛的赛事管理、试件设计及工艺应用等进行介绍、点评和比较,引导和促进选手技能水平的进一步提高。

四、非金属焊接技术发展趋势评介

在技术点评中可加入非金属焊接行业、职业(工种)的前沿发展和新技术、新装备、新材料、先进的工程管理等情况的介绍,对该行业、职业(工种)的未来发展趋势进行介绍和分析,使参加竞赛的人员更加全面地了解非金属焊接行业、职业(工种)的技术现状和发展方向,起到有效的导向和启示作用。

第十一章 竞赛总结

竞赛主办单位一般在竞赛结束后一个月内将竞赛总结材料、技术点评材料和各项奖励申报表等报送相应级别的人力资源和社会保障机构职业技能竞赛组委会办公室。

一、竞赛总结材料

（1）竞赛情况总结。

（2）全部竞赛文件。

（3）竞赛团体和个人的成绩单。

（4）竞赛宣传材料（包括影音、图片和报刊剪辑等）。

二、技术点评材料

（1）技术点评文件、图表、幻灯片等。

（2）竞赛的理论、实操试题分析。

（3）对竞赛过程中出现的问题给出的相应指导意见。

三、各项奖励申报表

（1）全国或省级技术能手申报表。

（2）晋升职业资格等级申报表。

四、宣传推广

各竞赛主办单位要注意在竞赛全过程中收集资料，将具有代表性的技术点评资料、竞赛纪录片和相关配套活动的成果等印发到各相关单位进行学习交流。

五、资料存档

竞赛产生的各种资料如文件、通知、方案、手册、讲话稿、名单、记录表、成绩册、会议纪要、电子文档、音像资料、平面媒体资料等要认真整理,及时归档,确保资料的完整性,以作为今后举办同类竞赛活动的参考资料。

非金属焊接职业技能竞赛指导读本

附　录

附录1　国务院关于推行终身职业技能培训制度的意见

（国发〔2018〕11号）

各省、自治区、直辖市人民政府，国务院各部委、各直属机构：

职业技能培训是全面提升劳动者就业创业能力、缓解技能人才短缺的结构性矛盾、提高就业质量的根本举措，是适应经济高质量发展、培育经济发展新动能、推进供给侧结构性改革的内在要求，对推动大众创业万众创新、推进制造强国建设、提高全要素生产率、推动经济迈上中高端具有重要意义。为全面提高劳动者素质，促进就业创业和经济社会发展，根据党的十九大精神和"十三五"规划纲要相关要求，现就推行终身职业技能培训制度提出以下意见。

一、总体要求

（一）指导思想。

以习近平新时代中国特色社会主义思想为指导，全面深入贯彻党的十九大和十九届二中、三中全会精神，认真落实党中央、国务院决策部署，统筹推进"五位一体"总体布局和协调推进"四个全面"战略布局，坚持以人民为中心的发展思想，牢固树立新发展理念，深入实施就业优先战略和人才强国战略，适应经济转型升级、制造强国建设和劳动者就业创业需要，深化人力资源供给侧结构性改革，推行终身职业技能培训制度，大规模开展职业技能培训，着力提升培训的针对性和有效性，建设知识型、技能型、创新型劳动者大军，为全面建成社会主

义现代化强国、实现中华民族伟大复兴的中国梦提供强大支撑。

（二）基本原则。

促进普惠均等。针对城乡全体劳动者，推进基本职业技能培训服务普惠性、均等化，注重服务终身，保障人人享有基本职业技能培训服务，全面提升培训质量、培训效益和群众满意度。

坚持需求导向。坚持以促进就业创业为目标，瞄准就业创业和经济社会发展需求确定培训内容，加强对就业创业重点群体的培训，提高培训后的就业创业成功率，着力缓解劳动者素质结构与经济社会发展需求不相适应、结构性就业矛盾突出的问题。

创新体制机制。推进职业技能培训市场化、社会化改革，充分发挥企业主体作用，鼓励支持社会力量参与，建立培训资源优化配置、培训载体多元发展、劳动者按需选择、政府加强监管服务的体制机制。

坚持统筹推进。加强职业技能开发和职业素质培养，全面做好技能人才培养、评价、选拔、使用、激励等工作，着力加强高技能人才队伍建设，形成有利于技能人才发展的制度体系和社会环境，促进技能振兴与发展。

（三）目标任务。

建立并推行覆盖城乡全体劳动者、贯穿劳动者学习工作终身、适应就业创业和人才成长需要以及经济社会发展需求的终身职业技能培训制度，实现培训对象普惠化、培训资源市场化、培训载体多元化、培训方式多样化、培训管理规范化，大规模开展高质量的职业技能培训，力争 2020 年后基本满足劳动者培训需要，努力培养造就规模宏大的高技能人才队伍和数以亿计的高素质劳动者。

二、构建终身职业技能培训体系

（四）完善终身职业技能培训政策和组织实施体系。面向城乡全体劳动者，完善从劳动预备开始，到劳动者实现就业创业并贯穿学习和职业生涯全过程的终身职业技能培训政策。以政府补贴培训、企业自主培训、市场化培训为主要供给，以公共实训机构、职业院校（含技工院校，下同）、职业培训机构和行业企业为主要载体，以就业技能培训、岗位技能提升培训和创业创新培训为主要形式，构建资源充足、布局合理、结构优化、载体多元、方式科学的培训组织实施体系。（人力资源社会保障部、教育部等按职责分工负责。列第一位者为牵头单位，下同）

（五）围绕就业创业重点群体，广泛开展就业技能培训。持续开展高校毕业生技能就业行动,增强高校毕业生适应产业发展、岗位需求和基层就业工作能力。深入实施农民工职业技能提升计划——"春潮行动",将农村转移就业人员和新生代农民工培养成为高素质技能劳动者。配合化解过剩产能职工安置工作,实施失业人员和转岗职工特别职业培训计划。实施新型职业农民培育工程和农村实用人才培训计划,全面建立职业农民制度。对城乡未继续升学的初、高中毕业生开展劳动预备制培训。对即将退役的军人开展退役前技能储备培训和职业指导,对退役军人开展就业技能培训。面向符合条件的建档立卡贫困家庭、农村"低保"家庭、困难职工家庭和残疾人,开展技能脱贫攻坚行动,实施"雨露计划"、技能脱贫千校行动、残疾人职业技能提升计划。对服刑人员、强制隔离戒毒人员,开展以顺利回归社会为目的的就业技能培训。(人力资源社会保障部、教育部、工业和信息化部、民政部、司法部、住房城乡建设部、农业农村部、退役军人事务部、国务院国资委、国务院扶贫办、全国总工会、共青团中央、全国妇联、中国残联等按职责分工负责)

(六)充分发挥企业主体作用,全面加强企业职工岗位技能提升培训。将企业职工培训作为职业技能培训工作的重点,明确企业培训主体地位,完善激励政策,支持企业大规模开展职业技能培训,鼓励规模以上企业建立职业培训机构开展职工培训,并积极面向中小企业和社会承担培训任务,降低企业兴办职业培训机构成本,提高企业积极性。对接国民经济和社会发展中长期规划,适应高质量发展要求,推动企业健全职工培训制度,制定职工培训规划,采取岗前培训、学徒培训、在岗培训、脱产培训、业务研修、岗位练兵、技术比武、技能竞赛等方式,大幅提升职工技能水平。全面推行企业新型学徒制度,对企业新招用和转岗的技能岗位人员,通过校企合作方式,进行系统职业技能培训。发挥失业保险促进就业作用,支持符合条件的参保职工提升职业技能。健全校企合作制度,探索推进产教融合试点。(人力资源社会保障部、教育部、工业和信息化部、住房城乡建设部、国务院国资委、全国总工会等按职责分工负责)

(七)适应产业转型升级需要,着力加强高技能人才培训。面向经济社会发展急需紧缺职业(工种),大力开展高技能人才培训,增加高技能人才供给。深入实施国家高技能人才振兴计划,紧密结合战略性新兴产业、先进制造业、现代服务业等发展需求,开展技师、高级技师培训。对重点关键岗位的高技能人才,通过开展新知识、新技术、新工艺等方面培训以及技术研修攻关等方式,进一步提高他们的专业知识水平、解决实际问题能力和创新创造能力。支持高技能领军人才更多参与国家科研项目。发挥高技能领军人才在带徒传技、技能推广等方面的重要作用。（人力资源社会保障部、教育部、工业和信息化部、住房城乡建设部、国务院国资委、全国总工会等按职责分工负责）

（八）大力推进创业创新培训。组织有创业意愿和培训需求的人员参加创业创新培训。以高等学校和职业院校毕业生、科技人员、留学回国人员、退役军人、农村转移就业和返乡下乡创业人员、失业人员和转岗职工等群体为重点，依托高等学校、职业院校、职业培训机构、创业培训（实训）中心、创业孵化基地、众创空间、网络平台等，开展创业意识教育、创新素质培养、创业项目指导、开业指导、企业经营管理等培训，提升创业创新能力。健全以政策支持、项目评定、孵化实训、科技金融、创业服务为主要内容的创业创新支持体系，将高等学校、职业院校学生在校期间开展的"试创业"实践活动纳入政策支持范围。发挥技能大师工作室、劳模和职工创新工作室作用，开展集智创新、技术攻关、技能研修、技艺传承等群众性技术创新活动，做好创新成果总结命名推广工作，加大对劳动者创业创新的扶持力度。（人力资源社会保障部、教育部、科技部、工业和信息化部、住房城乡建设部、农业农村部、退役军人事务部、国务院国资委、国务院扶贫办、全国总工会、共青团中央、全国妇联、中国残联等按职责分工负责）

（九）强化工匠精神和职业素质培育。大力弘扬和培育工匠精神，坚持工学结合、知行合一、德技并修，完善激励机制，增强劳动者对职业理念、职业责任和职业使命的认识与理解，提高劳动者践行工匠精神的自觉性和主动性。广泛开展"大国工匠进校园"活动。加强职业素质培育，将职业道德、质量意识、法律意识、安全环保和健康卫生等要求贯穿职业培训全过程。（人力资源社会保障部、教育部、科技部、工业和信息化部、住房城乡建设部、国务院国资委、国家市场监督管理总局、全国总工会、共青团中央等按职责分工负责）

三、深化职业技能培训体制机制改革

（十）建立职业技能培训市场化社会化发展机制。加大政府、企业、社会等各类培训资源优化整合力度，提高培训供给能力。广泛发动社会力量，大力发展民办职业技能培训。鼓励企业建设培训中心、职业院校、企业大学，开展职业训练院试点工作，为社会培育更多高技能人才。鼓励支持社会组织积极参与行业人才需求发布、就业状况分析、培训指导等工作。政府补贴的职业技能培训项目全部向具备资质的职业院校和培训机构开放。（人力资源社会保障部、教育部、工业和信息化部、民政部、国家市场监督管理总局、全国总工会等按职责分工负责）

（十一）建立技能人才多元评价机制。健全以职业能力为导向、以工作业绩为重点、注重工匠精神培育和职业道德养成的技能人才评价体系。建立与国家职业资格制度相衔接、与终身职业技能培训制度相适应的职业技能等级制度。完善职业资格评价、职业技能等级认定、专项职业能力考核等多元化评价方式，促进评价结果有机衔接。健全技能人才评价管理服务体系，加强对评价质量的监管。建立以企业岗位练兵和技术比武为基础、以国家和行业竞赛为主体、国内竞赛与国际竞赛相衔接的职业技能竞赛体系，大力组织开展职业技能竞赛活动，积极参与世界技能大赛，拓展技能人才评价选拔渠道。（人力资源社会保障部、教育部、工业和信息化部、住房城乡建设部、国务院国资委、全国总工会、共青团中央、中国残联等按职责分工负责）

（十二）建立职业技能培训质量评估监管机制。对职业技能培训公共服务项目实施目录清单管理，制定政府补贴培训目录、培训机构目录、鉴定评价机构目录、职业资格目录，及时向社会公开并实行动态调整。建立以培训合格率、就业创业成功率为重点的培训绩效评估体系，对培训机构、培训过程进行全方位监管。结合国家"金保工程"二期，建立基于互联网的职业技能培训公共服务平台，提升技能培训和鉴定评价信息化水平。探索建立劳动者职业技能培训电子档案，实现培训信息与就业、社会保障信息联通共享。（人力资源社会保障部、财政部等按职责分工负责）

（十三）建立技能提升多渠道激励机制。支持劳动者凭技能提升待遇，建立健全技能人才培养、评价、使用、待遇相统一的激励机制。指导企业不唯学历和资历，建立基于岗位价值、能力素质、业绩贡献的工资分配机制，强化技能价值激励导向。制定企业技术工人技能要素和创新成果按贡献参与分配的办法，推动技术工人享受促进科技成果转化的有关政策，鼓励企业对高技能人才实行技术创新成果入股、岗位分红和股权期权等激励方式，鼓励凭技能创造财富、增加收入。落实技能人才积分落户、岗位聘任、职务职级晋升、参与职称评审、学习进修等政策。支持用人单位对聘用的高级工、技师、高级技师，比照相应层级工程技术人员确定其待遇。完善以国家奖励为导向、用人单位奖励为主体、社会奖励为补充的技能人才表彰奖励制度。（人力资源社会保障部、教育部、工业和信息化部、公安部、国务院国资委、国家公务员局等按职责分工负责）

四、提升职业技能培训基础能力

（十四）加强职业技能培训服务能力建设。推进职业技能培训公共服务体

49

系建设，为劳动者提供市场供求信息咨询服务，引导培训机构按市场和产业发展需求设立培训项目，引导劳动者按需自主选择培训项目。推进培训内容和方式创新，鼓励开展新产业、新技术、新业态培训，大力推广"互联网＋职业培训"模式，推动云计算、大数据、移动智能终端等信息网络技术在职业技能培训领域的应用，提高培训便利度和可及性。（人力资源社会保障部、国家发展改革委等按职责分工负责）

（十五）加强职业技能培训教学资源建设。紧跟新技术、新职业发展变化，建立职业分类动态调整机制，加快职业标准开发工作。建立国家基本职业培训包制度，促进职业技能培训规范化发展。支持弹性学习，建立学习成果积累和转换制度，促进职业技能培训与学历教育沟通衔接。实行专兼职教师制度，完善教师在职培训和企业实践制度，职业院校和培训机构可根据需要和条件自主招用企业技能人才任教。大力开展校长等管理人员培训和师资培训。发挥院校、行业企业作用，加强职业技能培训教材开发，提高教材质量，规范教材使用。（人力资源社会保障部、教育部等按职责分工负责）

（十六）加强职业技能培训基础平台建设。推进高技能人才培训基地、技能大师工作室建设，建成一批高技能人才培养培训、技能交流传承基地。加强公共实训基地、职业农民培育基地和创业孵化基地建设，逐步形成覆盖全国的技能实训和创业实训网络。对接世界技能大赛标准，加强竞赛集训基地建设，提升我国职业技能竞赛整体水平和青年技能人才培养质量。积极参与走出去战略和"一带一路"建设中的技能合作与交流。（人力资源社会保障部、国家发展改革委、教育部、科技部、工业和信息化部、财政部、农业农村部、商务部、国务院国资委、国家国际发展合作署等按职责分工负责）

五、保障措施

（十七）加强组织领导。地方各级人民政府要按照党中央、国务院的总体要求，把推行终身职业技能培训制度作为推进供给侧结构性改革的重要任务，根据经济社会发展、促进就业和人才发展总体规划，制定中长期职业技能培训规划并大力组织实施，推进政策落实。要建立政府统一领导，人力资源社会保障部门统筹协调，相关部门各司其职、密切配合，有关人民团体和社会组织广泛参与的工作机制，不断加大职业技能培训工作力度。（人力资源社会保障部等部门、单位和各省级人民政府按职责分工负责）

（十八）做好公共财政保障。地方各级人民政府要加大投入力度，落实职业技能培训补贴政策,发挥好政府资金的引导和撬动作用。合理调整就业补助资金支出结构,保障培训补贴资金落实到位。加大对用于职业技能培训各项补贴资金的整合力度,提高使用效益。完善经费补贴拨付流程,简化程序,提高效率。要规范财政资金管理,依法加强对培训补贴资金的监督,防止骗取、挪用,保障资金安全和效益。有条件的地区可安排经费,对职业技能培训教材开发、新职业研究、职业技能标准开发、师资培训、职业技能竞赛、评选表彰等基础工作给予支持。(人力资源社会保障部、教育部、财政部、审计署等按职责分工负责)

(十九)多渠道筹集经费。加大职业技能培训经费保障,建立政府、企业、社会多元投入机制,通过就业补助资金、企业职工教育培训经费、社会捐助赞助、劳动者个人缴费等多种渠道筹集培训资金。通过公益性社会团体或者县级以上人民政府及其部门用于职业教育的捐赠,依照税法相关规定在税前扣除。鼓励社会捐助、赞助职业技能竞赛活动。(人力资源社会保障部、教育部、工业和信息化部、民政部、财政部、国务院国资委、税务总局、全国总工会等按职责分工负责)

(二十)进一步优化社会环境。加强职业技能培训政策宣传,创新宣传方式,提升社会影响力和公众知晓度。积极开展技能展示交流,组织开展好职业教育活动周、世界青年技能日、技能中国行等活动,宣传校企合作、技能竞赛、技艺传承等成果,提高职业技能培训吸引力。大力宣传优秀技能人才先进事迹,大力营造劳动光荣的社会风尚和精益求精的敬业风气。(人力资源社会保障部、教育部、全国总工会、共青团中央等按职责分工负责)

国务院

2018 年 5 月 3 日

附录

附录2 关于进一步加强高技能人才工作的意见

（中办发〔2006〕15号）

为贯彻落实《中共中央、国务院关于进一步加强人才工作的决定》和《中共中央、国务院关于实施科技规划纲要增强自主创新能力的决定》精神，加快高技能人才队伍建设，充分发挥高技能人才在国家经济社会发展中的重要作用，现就进一步加强高技能人才工作提出如下意见。

一、加快推进人才强国战略，切实把加强高技能人才工作作为推动经济社会发展的一项重大任务来抓

（一）充分认识做好高技能人才工作的重要性和紧迫性。高技能人才是我国人才队伍的重要组成部分，是各行各业产业大军的优秀代表，是技术工人队伍的核心骨干，在加快产业优化升级、提高企业竞争力、推动技术创新和科技成果转化等方面具有不可替代的重要作用。改革开放以来，我国高技能人才工作取得了显著成绩，人才队伍不断壮大。但是，随着经济全球化趋势深入发展，科技进步日新月异，我国经济结构调整不断加快，人力资源能力建设要求不断提高，高技能人才工作也面临严峻挑战。从总体上看，高技能人才工作基础薄弱，培养体系不完善，评价、激励、保障机制不健全，轻视技能劳动和技能劳动者的传统观念仍然存在。当前，高技能人才的总量、结构和素质还不能适应经济社会发展的需要，特别是在制造、加工、建筑、能源、环保等传统产业和电子信息、航空航天等高新技术产业以及现代服务业领域，高技能人才严重短缺，已成为制约经济社会持续发展和阻碍产业升级的"瓶颈"。

本世纪头20年，是我国全面建设小康社会、开创中国特色社会主义事业新局面的重要战略机遇期。加快推进人才强国战略，大力加强高技能人才工作，培养造就一大批具有高超技艺和精湛技能的高技能人才，稳步提升我国产业工人队伍的整体素质，是增强我国核心竞争力和自主创新能力、建设创新型国家的重要举措，是在新的历史条件下巩固和发展工人阶级先进性、增强党的阶级基础的必然要求，对于促进人的全面发展，营造人才辈出、人尽其才的社会氛围，对于全面贯彻落实科学发展观、构建社会主义和谐社会，具有重大而深远的意义。各级党委和政府要进一步提高认识，坚决贯彻尊重劳动、尊重知识、尊重人才、尊重创造的方针,牢固树立科学的人才观,不断增强做好高技能人才工作的责任感和紧迫感,把高技能人才工作作为加快推进人才强国战略的重要内容,努力开创高技能人才队伍建设的新局面。

(二)高技能人才工作的指导思想和目标任务。高技能人才工作的指导思想是,以邓小平理论和"三个代表"重要思想为指导,全面贯彻落实科学发展观,大力实施人才强国战略,坚持党管人才原则,以职业能力建设为核心,紧紧抓住技能培养、考核评价、岗位使用、竞赛选拔、技术交流、表彰激励、合理流动、社会保障等环节,进一步更新观念,完善政策,创新机制,充分发挥市场在高技能人才资源开发和配置中的基础性作用,健全和完善企业培养、选拔、使用、激励高技能人才的工作体系,形成有利于高技能人才成长和发挥作用的制度环境和社会氛围,带动技能劳动者队伍整体素质的提高和发展壮大。

当前和今后一个时期,高技能人才工作的目标任务是,加快培养一大批数量充足、结构合理、素质优良的技术技能型、复合技能型和知识技能型高技能人才,建立培养体系完善、评价和使用机制科学、激励和保障措施健全的高技能人才工作新机制,逐步形成与经济社会发展相适应的高、中、初级技能劳动者比例结构基本合理的格局。到"十一五"期末,高级技工水平以上的高技能人才占技能劳动者的比例达到 25％以上,其中技师、高级技师占技能劳动者的比例达到 5％以上,并带动中、初级技能劳动者队伍梯次发展。力争到 2020 年,使我国高、中、初级技能劳动者的比例达到中等发达国家水平,形成与经济社会和谐发展的格局。

二、完善高技能人才培养体系,大力加强高技能人才培养工作

(三)动员社会各方面力量开展高技能人才培养工作。针对经济社会发展实际需要,健全和完善以企业行业为主体、职业院校为基础、学校教育与企业培养紧密联系、政府推动与社会支持相互结合的高技能人才培养体系。在国家发展职业教育、实施国家技能型人才培养培训工程中,突出高技能人才培养工作。充分发挥高等职业院校和高级技工学校、技师学院的培训基地作用。大力发展民办职业教育和培训,充分发挥各类社会团体在高技能人才培养中的作用。建立现代企业职工培训制度和高技能人才校企合作培养制度,加快高技能人才培养步伐。结合国家重大工程和重大科技计划项目的实施,以及重大技术和重大装备的引进消化吸收再创新培养高技能人才。结合产业结构调整,加大对包括农民工在内的新产业工人中高技能人才的培养力度。

（四）以企业行业为主体，开辟高技能人才培养的多种途径。行业主管部门和行业组织要结合本行业生产、技术发展趋势以及高技能人才队伍现状，做好需求预测和培养规划，提出本行业高技能人才合理配置标准，指导本行业开展高技能人才培养工作。

增强企业对高技能人才培养工作重要性的认识，充分发挥企业培养高技能人才的主体作用。各类企业特别是大型企业（集团），应结合企业生产发展和技术创新需要制定高技能人才培养规划，并纳入企业发展总体规划。企业应依法建立和完善职工培训制度，加强上岗培训和岗位技能培训，可采取自办培训学校和机构，与职业院校和培训机构联合办学、委托培养等方式，加快培养高技能人才。鼓励企业推行企业培训师制度和名师带徒制度，建立技师研修制度，并通过技术交流等活动促进高技能人才成长。鼓励企业依托车间班组，通过岗位练兵、岗位培训、技术竞赛等形式，促进职工在岗位实践中成才。鼓励企业结合技术创新、技术改造和技术项目引进，利用国内、国际两种资源，开展新技术、新工艺、新材料等相关知识和技能培训，并通过研发攻关等活动，促进高技能人才培养。国有和国有控股企业要将高技能人才培养规划的制定和实施情况作为企业经营管理者业绩考核的内容之一，定期向职工代表大会报告。积极支持、推动和引导非公有制企业开展高技能人才培养工作。

机关事业单位也要结合各自实际，做好本部门本单位的高技能人才培养工作。

（五）建立高技能人才校企合作培养制度。各地要建立高技能人才校企合作培养制度，可由政府及有关部门负责人、企业行业和职业院校代表，以及有关方面专家组成高技能人才校企合作培养协调指导委员会，研究制定校企合作培养高技能人才的发展规划，确定培养方向和目标，指导和协调学校与企业开展合作。

进一步调整教育结构，对承担高技能人才培养任务的各类职业院校，要规范办学方向和培养标准。职业院校应以市场需求为导向，深化教学改革，紧密结合企业技能岗位的要求，对照国家职业标准，确定和调整各专业的培养目标和课程设置，与合作企业共同制订实训方案，采取全日制与非全日制、导师制等多种方式实施培养。对积极运用市场机制开展校企合作、实施产学结合，并在高技能人才培养方面作出突出成绩的职业院校，中央财政在实训基地建设等方面给予支持和奖励。鼓励普通高校毕业生参加职业技能培训。

企业应结合对高技能人才的实际需求，与职业院校联合制订培养计划，提供实习场地,选派实习指导教师,组织学员参与技术攻关。支持企业为职业院校建立学生实习实训基地。实行校企合作的定向培训费用可从企业职工教育经费中列支。对积极开展校企合作承担实习见习任务、培训成效显著的企业,由当地政府给予适当奖励。

(六)支持和鼓励职工参加职业技能培训。鼓励广大职工学习新知识和新技术,钻研岗位技能,积极参与技术革新和攻关项目,不断提高运用新知识解决新问题、运用新技术创造新财富的能力。鼓励并支持企业通过出国培训(研修)和引进国外先进培训资源等方式培养高技能人才。职工经单位同意参加脱产或半脱产培训,用人单位要按国家有关规定制定参加培训人员的薪酬制度和激励办法。对参加当地紧缺职业(工种)高级技能以上培训,获得相应职业资格且被企业聘用的人员,企业可给予一定的培训和鉴定补贴。

(七)加强高技能人才培训基地建设。充分发挥现有教育培训资源的作用,依托大型骨干企业(集团)、重点职业院校和培训机构,建设一批示范性国家级高技能人才培训基地。有条件的城市,可多方筹集资金,根据本地区支柱产业发展的需求,建立布局合理、技能含量高、面向社会提供技能培训和技能鉴定服务的公共实训基地。

三、以能力和业绩为导向,建立和完善高技能人才考核评价、竞赛选拔和技术交流机制

(八)健全和完善高技能人才考核评价制度。大力加强职业技能鉴定工作,积极推行职业资格证书制度,进一步突破年龄、资历、身份和比例限制,加快建立以职业能力为导向、以工作业绩为重点,注重职业道德和职业知识水平的高技能人才评价体系。要结合生产和服务岗位要求,强化标准,健全程序,坚持公开、公平、公正的原则,进一步完善符合高技能人才特点的业绩考核内容和评价方式,反对和防止高技能人才考评中的不正之风。对在技能岗位工作并掌握高超技能、做出重大贡献的骨干人才,可进一步突破工作年限和职业资格等级的要求,允许他们破格或越级参加技师、高级技师考评。

积极探索高技能人才多元评价机制,逐步完善社会化职业技能鉴定、企业技能人才评价、院校职业资格认证和专项职业能力考核的实施办法。依托具备条件的大型企业,逐步开展高技能人才评价改革试点。试点企业可按规定,结合企业生产和科研活动实际,开展技师、高级技师考核鉴定工作。在职业院校开展职业技能鉴定工作,大力推行职业资格证书制度,努力使学生在获得学历证书的同时,取得相应的职业资格证书。开发与后备高技能人才评价要求相适应的课程标准。选择部分职业院校进行预备技师考核试点,取得预备技师资格的毕业生在相应职业岗位工作满两年后,经单位认可,可申报参加技师考评。推行专项职业能力考核制度,为劳动者提供专项职业能力公共认证服务。

(九)广泛开展职业技能竞赛活动。引导社会各方面力量,开展各种形式的岗位练兵和职业技能竞赛等活动,为发现和选拔高技能人才创造条件。对职业技能竞赛中涌现出来的优秀技能人才,在给予精神和物质奖励的同时,可按有关规定直接晋升职业资格或优先参加技师、高级技师考评。

(十)积极组织高技能人才技术交流活动。依托公共职业介绍机构、人才交流机构或有条件的大型企业(集团)、行业组织、职业院校,或通过科技协会、技师协会、职工技术协会、职业教育培训协会以及高技能人才工作室等,举办各种形式的高技能人才主题活动,为高技能人才参与高新技术开发、同业技术交流以及与科技人才交流、绝招绝技和技能成果展示等创造条件。挖掘和保护具有民族特色的民间传统技艺,实现代际传承,使之发扬光大。鼓励和支持高技能人才参与国际间职业技能交流活动。

四、建立高技能人才岗位使用和表彰激励机制,激发高技能人才的创新创造活力

(十一)健全高技能人才岗位使用机制。进一步推行技师、高级技师聘任制度。充分发挥技师、高级技师在技能岗位的关键作用,以及在解决技术难题、实施精品工程项目和带徒传技等方面的重要作用。鼓励企业根据自身发展需要,探索建立高技能人才带头人制度,在进行重大生产决策、组织重大技术革新和技术攻关项目时,要充分发挥高技能人才带头人的作用,并给予经费等方面的支持。高技能人才配置状况应作为生产经营性企业及实体等参加重大工程项目招投标、评优和资质评估的必要条件。

(十二)进一步完善高技能人才激励机制。引导和鼓励用人单位完善培训、考核、使用与待遇相结合的激励机制。引导和督促企业根据市场需求和经营情况,完善对高技能人才的激励办法,对优秀高技能人才实行特殊奖励政策。允许国有高新技术企业探索实施有利于鼓励优秀高技能人才创新创造的收入分配制度。企业应对高技能人才在聘任、工资、带薪学习、培训、休假、出国进修等方面,制定相应的鼓励办法;对到企业技能岗位工作的各类职业院校毕业生,应合理确定工资待遇;对参加科技攻关和技术革新,并做出突出贡献的高技能人才,可从成果转化所得收益中,通过奖金等多种形式给予相应奖励。

(十三)表彰和奖励做出突出贡献的高技能人才。以政府奖励为导向,企业奖励为主体,辅以必要的社会奖励,对做出突出贡献的高技能人才进行表彰和奖励。对为国家和社会发展做出杰出贡献的高技能人才给予崇高荣誉并实行重奖。进一步完善国家技能人才评选表彰制度,对中华技能大奖获得者和全国技术能手给予奖励,并通过企业支持、社会赞助等多种方式筹集经费,鼓励他们参加培训深造、带徒传技、同业交流、技术创新等活动。省、自治区、直辖市人民政府应对做出突出贡献的高技能人才进行奖励,并参照高层次人才有关政策确定相应待遇。

五、完善高技能人才合理流动和社会保障机制,提高高技能人才配置和保障水平

(十四)引导高技能人才按需合理流动。坚持以市场为导向,依法维护用人单位和高技能人才的合法权益,保证人才流动的规范性和有序性。建立健全高技能人才柔性流动和区域合作机制,鼓励高技能人才通过兼职、服务、技术攻关、项目引进等多种方式发挥作用。加强对高技能人才流动的宏观调控,采取有效措施,鼓励和引导高技能人才面向西部地区重点建设项目流动。建立健全高技能人才流动服务体系,完善高技能人才信息发布制度,定期发布高技能人才供求信息和工资指导价位信息,引导高技能人才遵循市场规律合理流动。探索引进国内紧缺、企业急需的海外高技能人才。在公共职业介绍机构开设专门窗口,为高技能人才提供职业介绍、职业培训、劳动合同鉴证、社会保险关系办理、代存档案等"一站式"服务。鼓励人才交流和社会各类职业中介机构为高技能人才提供相应服务。

(十五)完善高技能人才社会保障制度。在进一步落实好高技能人才社会保障权益的同时,做好高技能人才在不同所有制单位、不同性质单位、不同行业和跨地区流动中社会保险关系的接续工作,逐步突破部门、行业、地域和所有制限制。高技能人才跨统筹地区流动,基本养老保险个人账户基金按规定转移。具备条件的企业,应积极探索为包括生产、服务一线的高技能人才在内的各类人才建立企业年金制度和补充医疗保险。

六、加大资金投入,做好高技能人才基础工作

(十六)加大资金投入力度,建立政府、企业、社会多渠道筹措的高技能人才

附录

投入机制。各级政府要根据高技能人才工作需要,对高技能人才的评选、表彰、师资培训、教材开发等工作经费给予必要的支持。地方各级政府要按规定合理安排城市教育费附加的使用,对高技能人才培养给予支持。要从国家安排的职业教育基础设施建设专项经费中,择优支持高技能人才培养成效显著的职业院校。将高技能人才实训基地建设纳入国家支持职业教育发展的规划。

企业应按规定提取职工教育经费(职工工资总额的 1.5%～2.5%),加大高技能人才培养投入。企业进行技术改造和项目引进,应按相关规定提取职工技术培训经费,重点保证高技能人才培养的需要。对自身没有能力开展职工培训,以及未开展高技能人才培训的企业,县级以上地方人民政府可依法对其职工教育经费实行统筹,由劳动保障等部门统一组织培训服务。机关事业单位要积极探索符合自身特点的高技能人才培养经费投入机制。

鼓励社会各界和海外人士对高技能人才培养提供捐赠和其他培训服务。企业和个人对高技能人才培养进行捐赠,按有关规定享受优惠政策。鼓励金融机构为公共实训基地建设和参与校企合作培养高技能人才的职业院校提供融资服务。各类职业院校可按照高技能人才实际培养成本提出收费标准,经物价部门核定后向学员收取培训费用。

(十七)做好高技能人才基础性工作。加强高技能人才相关理论研究,加快高技能人才法制建设。做好高技能人才调查统计和需求预测工作。完善国家高技能人才信息交流平台,开发高技能人才信息库和技能成果信息库。加强适用于高技能人才的远程培训和现代培训技术的开发和应用。加快编制、修订技师和高级技师国家职业标准,加强职业技能鉴定题库开发,健全职业技能鉴定质量督导制度。组织开发反映企业岗位需求、符合高技能人才培养特点的教材及教学辅助材料。加强高技能人才师资队伍建设,不断提高师资队伍水平。

七、加强领导,营造有利于高技能人才成长的良好氛围

(十八)切实加强对高技能人才工作的领导。各地区各部门要根据经济社会发展需要制定高技能人才队伍建设规划,并纳入经济社会发展规划和人才队伍建设规划。各级党委和政府要将高技能人才工作作为人才工作的一项重要内容,列入重要议事日程,定期研究解决工作中存在的主要问题。要建立由组织、劳动保障、发展改革、教育、科技、国防科工、财政、人事、国资等部门以及工会、共青团、妇联等人民团体参加的高技能人才工作协调机制,负责对高技能人才工作的宏观指导、政策协调和组织推动。在党委和政府统一领导下,组织部

门要加强宏观指导,劳动保障部门要进行统筹协调,有关部门要各司其职、密切配合,并动员社会各方面力量广泛参与,共同做好高技能人才工作。

（十九）加强舆论宣传,营造尊重劳动、崇尚技能、鼓励创造的良好氛围。充分发挥报刊、广播、电视、网络等多种媒体的作用,组织开展形式多样的宣传活动,大力宣传党和国家关于高技能人才工作的方针政策,大力宣传高技能人才在经济建设和社会发展中的重要作用和突出贡献,树立一批高技能人才的先进典型,提高高技能人才的社会地位。动员全社会都来关心高技能人才队伍建设,努力营造有利于高技能人才成长的良好氛围。

附录3　关于进一步加强职业技能竞赛管理工作的通知

（劳社部发〔2000〕6号）

各省、自治区、直辖市劳动（劳动和社会保障）厅（局），国务院有关部门劳动和社会保障工作机构：

为规范职业技能竞赛（以下简称"竞赛"）活动，保证其健康、有序地发展，现就有关问题通知如下：

一、竞赛活动实行分级分类管理。具体分为国家级、省级和地市级三级。国家级分为两类，跨行业（系）、跨地区的为一类竞赛，单一行业（系）的为二类竞赛。国家级一类竞赛由我部牵头组织，可冠以"全国""中国"等竞赛活动的名称；国家级二类竞赛由国务院有关行业部门或行业（系）组织牵头举办，可冠以"全国××行业（系）××职业（工种）"等竞赛活动名称。除上述两类竞赛外，其他竞赛不得冠以"全国""中国"等名称。同行业、同职业（工种）的全国性竞赛活动，原则上每年不能超过一次。

二、各竞赛组织单位应选择技术复杂、通用性广、从业人员较多、影响较大的职业（工种）开展竞赛活动，优先选择国家实行就业准入控制的职业（工种）举办竞赛。还可以选择就业面较大、发展较迅速的新职业（工种），组织开展竞赛活动。

三、要按照国家职业（技能）标准设置竞赛项目和组织命题。国家级竞赛应按照国家高级职业（技能）标准要求命题。

四、各竞赛组织单位举办竞赛活动应具备必要的条件。成立相应的组织机构，具备必要的经费、设备、场地和评定成绩所需的检测手段，制定竞赛组织方案和竞赛规则，配备熟悉技能竞赛职业（工种）的管理人员和专业技术人员。

五、各级劳动保障部门要结合本地区具体情况，对竞赛主办单位开展的竞赛活动实施审批制度。

（一）竞赛主办单位组织开展竞赛活动，须提出申请报告并附组织方案，按隶属关系报其主管部门审核后，报同级劳动保障部门审批。

（二）竞赛主办单位邀请境外机构参与举办或参加国内竞赛活动，应先向同级劳动保障部门提出申请，经审核批准后，报我部备案；行业主管部门或行业组织以国家队名义组织参加国际竞赛活动，应报我部审批；国际青年奥林匹克技能竞赛活动由我部统一组织。

（三）竞赛主办单位组织开展竞赛活动，要严格按照备案或批准的竞赛方案组织实施。如对竞赛方案进行调整，需重新履行备案或审批手续。

六、举办竞赛活动应坚持社会效益为主和公开、公平、公正的原则，严格执行国家有关法律、法规，并邀请公证部门公证。各项竞赛活动的组织要坚持勤俭节约，反对铺张浪费。

七、为调动广大职工参与竞赛活动的积极性，结合开展技能人才评选表彰和职业技能鉴定等工作，对现行的表彰和奖励政策进行适当调整：

（一）国家级一类竞赛各工种获得前五名的选手，由我部授予"全国技术能手"称号，颁发证书和奖章。

（二）国家级二类竞赛各工种获得前三名的选手，由我部授予"全国技术能手"称号，颁发证书和奖章。

（三）在国际竞赛活动中进入前八名的选手，由我部授予"全国技术能手"称号，颁发证书和奖章。

（四）国家级竞赛获得优秀名次的选手，经我部职业技能鉴定机构按有关资格条件审定后，可颁发技师或高级技师资格证书。

八、各级劳动保障部门要加强竞赛工作的组织管理与监督，严格保证竞赛活动的质量，防止其过多过滥。要指定专门机构和人员负责此项工作并按本通知要求，制定本地区、本部门的具体实施办法，逐步实现竞赛活动的规范化、制度化。

劳动和社会保障部

2000 年 2 月 18 日

附录

附录4 关于申办全国职业技能竞赛及参加
国际竞赛活动有关事项的通知

（劳社培就司发〔2000〕6号）

各省、自治区、直辖市劳动（劳动和社会保障）厅（局），国务院有关部门劳动保障工作机构：

为贯彻《关于进一步加强职业技能竞赛管理工作的通知》（劳社部发〔2000〕6号）精神，加强对全国职业技能竞赛（以下简称"竞赛"）活动的组织管理，现就申请举办全国竞赛和组团参加国际竞赛活动的有关事项通知如下：

一、国务院有关行业部门、行业（系统）组织牵头举办国家级二类竞赛，或组团参加国际竞赛活动，应按照《关于进一步加强职业技能竞赛管理工作的通知》规定的条件和程序报我部审批。

二、举办全国竞赛活动或参加国际竞赛活动，主办（组团）单位应按下列程序下发竞赛通知或出访前2个月向我部申报：

（一）各行业主管部门牵头举办全国性竞赛活动，由其劳动保障工作机构签署意见后，报我部审批。

（二）行业协会、学会等社会团体牵头举办全国性竞赛活动，应按隶属关系先将申报材料报上级主管部门审核并签署意见后，再报我部审批。

（三）竞赛主办单位邀请境外机构参与举办或参加全国性竞赛活动，先按隶属关系将申报材料报其上级主管部门审核并签署意见后，再报我部审批。

（四）行业主管部门或行业组织、社会团体等以国家队名义组织参加国际竞赛活动，由其上级主管部门签署意见后，报我部审批。

三、申办全国竞赛或组团参加国际竞赛活动，应报送以下材料：

（一）审批表。

（二）申请报告。

（三）组织方案。

（四）组委会成员名单。

（五）评分规则等技术性文件。

（六）有关场地、设备、技术检测手段等情况简介。

（七）技术专家（裁判员等）组成情况。

（八）经费预算和运作方案等。

（九）如邀请外籍人员参与举办或参加竞赛活动,应提供其基本情况,并说明邀请原因。

（十）如组团参加国际竞赛活动,还应提供邀请函、国际竞赛活动简介、国内选拔赛情况和参赛人员的基本情况等。

四、省级以下竞赛活动的管理,由各省、自治区、直辖市劳动保障部门自行制定办法。

附件:竞赛活动审批表(略)

劳动和社会保障部培训就业司
中国就业培训技术指导中心
2000 年 3 月 14 日

附录5 关于印发《国家职业技能竞赛技术规程》（试行）的通知

（劳赛组办发〔2003〕1号）

各省、自治区、直辖市劳动和社会保障厅（局），国务院有关部门（行业组织、集团公司）劳动保障工作机构：

为加强对职业技能竞赛工作的技术指导，规范职业技能竞赛活动，保证其健康、有序地发展，我们研究制定了《国家职业技能竞赛技术规程》（试行），现印发给你们，请在组织职业技能竞赛活动中，按照本规程的要求做好相关工作，并结合本地区、本部门实际情况，制定本地区、本部门的竞赛技术规程。在操作中如有问题，请及时与我办联系。

劳动和社会保障部
全国职业技能竞赛组织委员会办公室
二〇〇三年五月二十八日

国家职业技能竞赛技术规程
（试行）

第一章 总则

第一条 职业技能竞赛（以下简称"竞赛"）是依据国家职业标准，密切结合生产实际开展的、有组织的群众性职业技术技能竞赛活动。为了加强对竞赛的组织管理工作，规范竞赛活动，保证其健康、有序地发展，根据劳动保障部《关于加强职业技能竞赛管理工作的通知》（劳社部发〔2000〕6号）精神，制定本规程。

第二条 本规程适用于国家级竞赛活动及其管理。

第二章 组织机构

第三条 举办竞赛活动须成立临时性组织机构竞赛组织委员会（或竞赛领导小组），全面负责竞赛的组织管理工作，组委会下设办公室（或秘书处）具体负责竞赛的组织实施工作。

第四条　竞赛组织委员会负责竞赛的整体安排和组织管理;指导竞赛办公室和评判委员会的工作;对竞赛期间的重大事项进行决策;对竞赛各项组织和赛务工作进行监督检查。

第五条　竞赛组织委员会办公室(秘书处)在竞赛组织委员会的领导下,具体负责竞赛的组织安排和日常管理工作。主要包括制订竞赛的具体组织方案及实施计划,并组织和监督实施;负责与竞赛各相关单位的日常沟通和协调;负责竞赛期间的各项宣传工作;负责竞赛奖品、物品(包括纪念品、宣传品等)的设计、制作和管理;负责竞赛经费的筹措、使用和管理;负责竞赛的总结和统计分析等工作。

第六条　为做好竞赛的各项技术工作,须成立竞赛评判委员会。评判委员会在组委会的领导下,全面负责竞赛的各项赛务工作。主要包括组织制定竞赛规则、评分标准及相关竞赛技术性文件;负责竞赛复习大纲、辅导资料等的编制;负责参赛选手的培训和辅导;负责竞赛场地、器械、设备(包括对考试试件的检测设备)的检验、检测、确认及分配;负责竞赛各阶段的评判工作;负责竞赛结果的核实、发布,并参与竞赛结果的复核等。为保证竞赛命题的公正和保密性,评判委员会下设命题组,专门负责竞赛命题工作。

第七条　各竞赛机构须在竞赛组织委员会的统一领导下,明确各自的职责任务,分工协作,合力办好竞赛活动。

第三章　组织管理

第八条　国家级一类竞赛由劳动和社会保障部发文组织或会同有关部门共同发文组织实施;国家级二类竞赛由劳动和社会保障部中国就业培训技术指导中心(职业技能鉴定中心)与有关部门、行业(行业组织)等联合发文组织实施。

第九条　各省、自治区、直辖市及各行业有关部门应积极参与国家级一类竞赛活动,并成立相应省、行业竞赛组委会,在全国组委会的领导下,具体组织本地区、本行业的竞赛活动。

第十条　国家级二类竞赛主要由相关行业(行业组织)牵头负责组织,各省、自治区、直辖市劳动保障部门应积极参与此类竞赛活动,并对其进行政策支持、技术指导和监督管理等工作;行业竞赛组委会在具体组织竞赛活动过程中,应主动与省级劳动保障厅(局)竞赛管理机构沟通情况,争取竞赛地区劳动保障部门的政策支持,并接受其监督指导。

第四章　备案立项

第十一条　举办国家级竞赛活动,应首先向劳动保障部竞赛组织管理部门(以下简称"竞赛管理部门")提出申请,经备案登记后立项实施。

第十二条　国家级竞赛活动的主办、承办单位应具备下列条件:

(一)能够独立承担民事责任;

(二)有与竞赛组织工作要求相适应的组织机构和管理人员;

(三)有与竞赛水平相适应的专家队伍并能按要求完成相应的赛务工作;

(四)有与竞赛规模相适应的经费支持;

(五)具备竞赛所需的场所、设施和器材。

第十三条　主办单位应按照下列程序办理职业技能竞赛备案手续:

(一)举办单一行业的职业技能竞赛,主办单位应在启动竞赛前 30 日内向竞赛管理部门报送《职业技能竞赛活动备案表》;竞赛管理部门应当自收到备案表之日起 15 日内办理备案立项手续。

(二)举办跨省、行业的职业技能竞赛,主办单位应在启动竞赛前 60 日内向竞赛管理部门报送《职业技能竞赛活动备案表》;竞赛管理部门应当自收到备案表之日起 15 日内办理备案立项。

第十四条　主办单位办理备案立项手续时,应当提供下列材料:

(一)申请举办竞赛活动的申请报告;

(二)举办竞赛活动备案表;

(三)竞赛活动组织实施方案;

(四)竞赛组委会及组委会办公室成员名单;

(五)竞赛评委会成员名单;

(六)竞赛活动所需场地、设备、技术检测手段等情况简介;

(七)经费预算和运作方案;

(八)主办单位委托符合规定资格条件的中介机构承办竞赛活动,应报送承办单位的资质证明材料。

第十五条　竞赛主办单位拟邀请境外机构和人员参与竞赛活动的,应事先向竞赛管理部门提出申请,经审核后,报劳动保障部备案。

代表中国参加的国际大型技能竞赛活动由劳动保障部商有关部门后统一组织安排。

第十六条　对符合本规程规定条件的主办单位,竞赛管理部门应予以办理职业技能竞赛备案手续,并与其就各方的责、权、利等有关内容签订工作协议,规范各方在竞赛期间的行为。竞赛主办单位应共同下发相关文件,组织开展竞赛活动;对不符合本技术规程规定条件的举办单位,竞赛管理部门不予办理备案登记手续并书面通知主办单位。

第十七条 竞赛活动备案立项后,主办单位如需变更竞赛名称和内容的,应向竞赛管理部门办理变更手续,并通知相关部门。竞赛活动通知下发后,主办单位由于特殊原因确须取消竞赛活动的,应向竞赛管理部门提出书面说明,征得同意后,方可取消竞赛活动,并做好善后处理工作。

第十八条 主办单位有下列情况之一的,竞赛管理部门有权取消其举办资格:

(一)未经有关部门同意,擅自更改竞赛时间、地点的;

(二)未按竞赛规则、组织方案的规定,擅自变更竞赛内容或者取消竞赛活动的;

(三)组织管理不善,在竞赛过程中造成重大事故的;

(四)未按照竞赛规则、竞赛评判标准做到公平、公开、公正,营私舞弊,成绩失实,造成恶劣影响的。

第五章 组织实施

第十九条 举办竞赛活动应坚持社会效益为主,坚持公开、公平、公正的原则,严格执行国家有关法律、法规,并邀请公证部门对竞赛过程及竞赛结果进行公证。

第二十条 确定竞赛工种的一般原则是:通用技术职业(工种);就业容量大、从业人员多的职业(工种);苦脏累险的职业(工种);国家新职业新工种;科技含量高的职业(工种)。特别应优先选择通用性强、就业面较广、社会影响力大、发展较迅速的新职业(工种)组织开展竞赛活动。

第二十一条 举办竞赛活动,应严格按照国家职业标准组织实施,同时可根据竞赛职业(工种)的实际情况,适当参照国际青年奥林匹克技能竞赛的标准组织。国家级竞赛应按照国家职业标准三级(高级工)以上要求实施。

第二十二条 竞赛采取以实际操作竞赛为主的原则,并附加理论知识考试。国家级竞赛可根据实际需要组织相关技术专家出题,也可从职业技能鉴定国家题库中随机抽取试题。

第二十三条 竞赛裁判人员的基本要求是:

附录

（一）坚持四项基本原则，热爱本职工作，具有良好的职业道德和心理素质；

（二）从事某职业（工种）工作 15 年以上，并在该职业（工种）技术、技能方面获得较高声誉；

（三）本职业（工种）技师以上职业资格或本专业中级以上专业技术职务；

（四）原则上年龄应在 55 周岁以下，身体健康，能够胜任裁判工作；

（五）能够自觉坚持公平、公正原则，秉公执法，不徇私情；

（六）具有较高的裁判理论水平和丰富的实践操作经验，熟练掌握竞赛规则，现场运用准确、得当；

（七）具有较丰富的临场执法经验和组织现场裁决的能力；

（八）具有从事过两次以上全国或省级竞赛活动裁判工作的经历；

（九）参加由劳动保障部职业技能鉴定中心组织的国家级裁判员培训并通过其资格考试。

第二十四条　竞赛裁判人员一般应从竞赛职业（工种）的主管行业中，自下而上选择推荐工程技术人员、职业学校教师和企业具有技师以上技术等级的工人担任；对具有竞赛职业（工种）考评员资格的人员，应优先选用；对已经建立国家职业技能竞赛裁判员队伍的职业（工种），必须从获得国家职业技能竞赛裁判员资格的人员中选用。

第二十五条　竞赛在理论知识和实际操作命题时，应明确其各自所占比例。一般情况下，实际操作成绩应占总成绩的 70% 以上。

第二十六条　竞赛所需场地由竞赛组织机构和技术专家根据竞赛的职业（工种）要求选择确定。其选择原则：一是选手相对集中；二是赛场设备设施完备、先进、安全，具有代表性；三是赛场内外环境适宜；四是交通方便。

第二十七条　竞赛使用材料及设备由技术专家依据竞赛试题的需要确定，由竞赛组委会委托承办单位负责配备，其主要设备要最大限度地利用赛场的设备装置。选手日常使用的简单工具、设施可允许选手自行携带使用。

第二十八条　竞赛活动经费可从以下途径筹措：

（一）争取国家财政支持；

（二）主办、承办及协办等单位共同出资；

（三）适当收取参赛选手和参赛单位的报名费、参赛费等；

（四）引入市场运作机制。

第二十九条　竞赛主办单位应在竞赛活动结束之日起 30 日内，向竞赛管理部门提交竞赛情况总结（包括选手成绩册和费用结算情况等）。

第六章　活动程序

第三十条　国家级竞赛活动一般应包括开幕式、闭幕式、竞赛过程、宣传工作等基本工作环节。

第三十一条　开幕式的主要内容包括：选手入场式，奏国歌，升国旗（或会旗），领导致开幕词，来宾致词，裁判宣誓，选手宣誓，宣布竞赛规则和要求，相关宣传庆祝活动等。

第三十二条　竞赛过程在裁判长的主持下由全体裁判人员共同参与执行。包括：确认选手身份；进行赛前教育（向选手说明竞赛技术要求等）；对竞赛材料、设备、工具的检验；赛场监考；对竞赛作品、试卷的评判打分；竞赛成绩名次的确认等。

第三十三条　闭幕式的主要内容包括：裁判长宣布竞赛成绩，向获奖者颁奖，领导致闭幕词，来宾致词和相关宣传庆祝活动等。

第七章　宣传和信息交流

第三十四条　宣传工作要适应竞赛期间的形势，与劳动保障中心工作紧密结合，积极争取各级领导对竞赛的重视和支持，充分利用广播、电视、报刊、网络等新闻媒体，建立竞赛新闻发布制度和简报制度，积极扩大宣传覆盖面。宣传工作主要包括：赛事宣传（从不同角度对竞赛活动进行宣传，扩大其社会影响），环境宣传（赛场装饰、宣传广告、现场表演等），人物宣传（对获奖者的宣传）和其他宣传（对相关政策、举办地、新产品、新技术、新理念等的宣传）等。

第三十五条　主办单位应根据竞赛活动的目的、内容及工作实际，制订具体的宣传方案和宣传口号等。

第三十六条　建立国家级竞赛活动信息交流制度，劳动保障部全国职业技能竞赛组委会办公室与各省、行业竞赛组织管理机构每季度交流一次竞赛活动信息，主要包括全国、各省、行业举办竞赛活动名称、规模、竞赛职业（工种）、选拔赛时间、决赛时间、宣传方案、活动安排、工作总结、经验材料以及竞赛裁判员信息等。

第三十七条　每年 12 月 15 日前，各省级竞赛管理部门应将本年度内省级竞赛活动各职业（工种）前 3 名获奖选手的基本情况报劳动保障部全国职业技能竞赛组委会办公室，经整理后，分类列入全国技术能手后备名录。

第三十八条　每年 12 月 15 日前，各行业竞赛管理部门应将本年度内国家级二类竞赛各职业(工种)前 3 名获奖选手基本情况报劳动保障部全国职业技能竞赛组委会办公室汇总,并抄送获奖选手所在省的劳动保障厅(局)竞赛管理部门。

第八章　附则

第三十九条　省级劳动保障部门和国务院有关部门(行业组织、集团公司)劳动保障工作机构可参照本技术规程,依据本地区、本行业(部门)的实际情况,制定本地区、本行业(部门)的竞赛技术规程。

第四十条　本技术规程自下发之日起施行。

附录6 关于印发《国家级职业技能竞赛裁判员管理办法》(试行)的通知

(劳赛组办发〔2003〕2号)

各省、自治区、直辖市劳动和社会保障厅(局),国务院有关部门(行业组织、集团公司)劳动保障工作机构:

为加强国家级职业技能竞赛裁判员队伍建设和管理,提高裁判员的执裁水平和专业技能,保证职业技能竞赛公正有序地进行,我们研究制定了《国家级职业技能竞赛裁判员管理办法》(试行),现印发给你们,请在组织职业技能竞赛活动中,严格按照本办法的要求做好相关工作,并结合本地区、本部门实际情况,制定本地区、本部门的职业技能竞赛裁判员管理办法。在操作中如有问题,请及时与我办联系。

劳动和社会保障部

全国职业技能竞赛组织委员会办公室(代章)

二〇〇三年五月二十八日

抄送:新疆生产建设兵团劳动和社会保障局,解放军总装备部

国家级职业技能竞赛裁判员管理办法

(试行)

第一章 总则

第一条 为加强国家级职业技能竞赛裁判员(以下简称裁判员)队伍建设和管理,提高裁判员的执裁水平和专业技能,保证职业技能竞赛公正有序地进行,根据《关于加强职业技能竞赛管理工作的通知》(劳社部发〔2000〕6号)精神,制定本办法。

第二条 本办法所称裁判员是指按照国家职业技能竞赛有关规定,由劳动保障部职业技能鉴定中心(以下简称部鉴定中心)进行培训、认证后,颁发国家级职业技能竞赛裁判员资格证书和证卡,并对国家级职业技能竞赛进行执裁的

人员。

第三条　裁判员的培训、认证、注册登记和监督检查工作由部鉴定中心负责。裁判员的日常管理工作由受委托的行业主管部门(行业组织)具体负责。

第二章　裁判员申报与认证

第四条　裁判员原则上应具备国家职业技能鉴定考评员资格,精通本职业(工种)技能竞赛规则和裁判方法,并能准确、熟练运用;具有丰富的本职业(工种)理论知识、实际工作经验和较高的专业技能、执裁工作能力,具有两次以上执裁全国或省级职业技能竞赛活动的经验。

第五条　凡具备裁判员资格条件的,可由本人提出申请,经所在单位推荐,行业主管部门(行业组织)审核,参加部鉴定中心组织的所属职业(工种)裁判员培训;确因执裁工作需要,但本职业(工种)又未进行过考评员资格认证的,也可由本人提出申请,经所在单位推荐,由行业主管部门(行业组织)根据相应的考评员资格条件进行遴选,申报参加部鉴定中心组织的所属职业(工种)裁判员培训。

第六条　裁判员参加培训后,经部鉴定中心考核合格,可颁发国家级职业技能竞赛裁判员证书和证卡。

第三章　裁判员权利与义务

第七条　裁判员可享有以下权利:

(一)参加全国及省(市)级各类职业技能竞赛执裁工作;

(二)参加部鉴定中心组织的裁判员更新知识培训;

(三)独立行使职业技能竞赛执裁权;

(四)对职业技能竞赛规则和裁判方法提出修改意见和建议;

(五)监督本级裁判组织执行各项裁判员制度;

(六)对于裁判员队伍中的违纪违规行为有检举权。

第八条　裁判员应当承担下列义务:

(一)服从竞赛组委会的安排,积极参与职业技能竞赛的裁判工作;

(二)熟练掌握本职业(工种)职业技能竞赛规则和裁判方法,并参与职业技能竞赛评判方案的设计;

(三)配合所属行业主管部门(行业组织)或省(市、区)劳动保障部门进行有关裁判员执法情况的调查。

第四章　裁判员管理

第九条　职业技能竞赛筹备阶段应组织成立相应的竞赛评判委员会，负责选派和聘请竞赛裁判员，并报竞赛组委会审批。

第十条　职业技能竞赛评判委员会在赛前应认真审核裁判员证书注册登记情况，对不符合规定的，应取消其裁判资格，并报竞赛组委会审批。

第十一条　裁判员不得跨职业（工种）进行职业技能竞赛的执裁工作。

第十二条　裁判员在执裁工作中应严格实行回避制度和轮派制度。

第十三条　职业技能竞赛决赛活动结束后，裁判长应根据裁判员的执裁表现，在其证书相关栏目内签署意见。

第五章　裁判员证书审核与注册

第十四条　对裁判员实行注册登记制度。部鉴定中心根据裁判员的工作表现及所属行业主管部门（行业组织）的评价意见，每两年对裁判员证书进行一次审核注册，审核注册时间一般为证书有效期满前一个月。

第十五条　为提高裁判员专业素质和执裁水平，部鉴定中心会同裁判员所属行业主管部门（行业组织），每四年对裁判员进行一次更新知识培训考核。

第十六条　裁判员应在规定的有效期前，填报《国家级职业技能竞赛裁判员审验申请表》，并将国家级职业技能竞赛裁判员证书及证卡一并送交所属行业主管部门（行业组织）初审，由其统一报送部鉴定中心审核注册。

第十七条　裁判员有下列情节之一者，暂停注册：

（一）执裁过程中出现重大失误，对竞赛活动造成恶劣影响的；

（二）两年内因本人原因未担任任何裁判工作的；

（三）四年内未参加培训考核或培训考核不合格的。

第十八条　裁判员须持有效的国家级职业技能竞赛裁判员证书并佩带证卡方能参加竞赛执裁工作；未按时注册的裁判员，其国家级职业技能竞赛裁判员证书和证卡失效，并取消其执裁资格。

第六章　罚则

第十九条　裁判员处分分警告、取消该次竞赛裁判资格、停止裁判工作两年和终身停止裁判工作四种。

第二十条　在执裁工作期间，未严格遵守赛场纪律或在现场执裁中出现漏判、错判者,视情节给予警告或取消该次竞赛裁判资格的处分。

第二十一条 在竞赛中执法不严,有意偏袒一方,妨碍公正执裁者,造成严重影响的,给予停止裁判工作两年的处分。

第二十二条 凡裁判员有下列情节者,给予终身停止裁判工作的处分:

(一)行贿受贿,徇私枉法的;

(二)在重要竞赛中,因主观原因出现明显的错判或漏判,并造成恶劣影响的;

(三)触犯刑律,受到刑事处罚的。

第二十三条 对裁判员的警告和取消该次比赛裁判资格的处分,由竞赛组委会做出,并报部鉴定中心备案,同时向对裁判员进行日常管理工作的行业主管部门(行业组织)进行通报;裁判员被停止裁判工作两年、终身停止裁判工作的处分决定,由竞赛组委会报部鉴定中心批准,并由部鉴定中心发出通报。

第二十四条 比赛裁判长应对裁判员受处分情况在其证书内注明,以备查验。

第七章 附 则

第二十五条 各省、自治区、直辖市劳动保障部门和行业主管部门(行业组织)可参照本办法制定本地区(行业)职业技能竞赛裁判员的管理办法。

第二十六条 本办法自颁布之日起实行。

附录7 职业技能竞赛技术点评要点(试行)

一、技术点评要求

(一)人员要求

1.技术点评专家应精通本职业(工种)的相关技术技能,熟悉竞赛的评判规则和技术文件,并为主参加竞赛的前期技术准备工作和决赛裁判工作等,一般由决赛裁判长或副裁判长担任。

2.参加人员为参赛选手、领队、裁判员和其他相关人员。

(二)时间要求

技术点评应安排在决赛活动期间,一般选择竞赛成绩公布后至颁奖前进行。点评的时间根据竞赛职业(工种)以及竞赛项目和点评工作需要而定,原则上不超过半天。

(三)场地设施要求

1.场地:应能容纳所有决赛选手、领队、裁判员、其他相关人员和媒体人员等。

2.多媒体设施:应具备计算机、投影仪、音响等多媒体设施。

3.作品展台:依竞赛职业(工种)的需要,在条件允许情况下,在点评现场设置选手优秀作品展台。

(四)内容要求

点评前应就竞赛理论成绩、实操成绩、竞赛整体技术技能情况等内容召开专家会进行分析,依据相关数据得出结论,形成一套完整的分析报告。点评内容要紧扣竞赛主题,简明扼要,深入透彻,要突出点评重点,应在本行业和竞赛职业(工种)中具有较强的代表性和广泛的指导意义。

二、技术点评形式

(一)原则上以讲授形式为主,同时可采用互动方式进行答疑。

(二)应积极利用现代多媒体手段,帮助参加人员接受和理解点评内容,方便其与点评专家的交流。

(三)在点评实操内容时,可借助竞赛实操设备,讲解与示范相结合。

三、技术点评内容

（一）命题分析

1.命题思路

阐述竞赛活动的命题依据，简要说明命题的整体思路。包括理论知识考试的命题范围、难度、题型、题量；实际操作考试项目的命题范围、难度以及对选手能力考核的设计内容、考核的关键点和配分原则等。

2.纵向横向比较

纵向上，可结合历届竞赛试题和选手水平的变化，进行综合分析；横向上，可与不同行业的相同职业（工种）开展的竞赛或与国际性的相同职业（工种）技能竞赛进行分析比较，阐述本次竞赛命题的特点。

（二）评判分析

结合竞赛技术文件、评分规则、具体实例等要求，解析裁判员在评判过程中对执裁尺度的具体把握，突出对关键考点的评判分析。

（三）试题分析

1.理论试卷分析：应根据参赛选手成绩的统计数据，结合定性与定量分析，对试题的重点部分和新考点进行解析。

2.实操分析：

（1）准备工作：应包括对心理准备、知识技能准备、工（量）具准备、材料准备、安全准备等各方面的分析。

（2）操作过程：应包括对实操过程的时间控制、工艺控制、质量控制、竞赛作品的自检与完善、应急情况处理等方面的分析，以及先进操作方法的介绍。

（3）操作结果：应包括对结果型项目存在的普遍性问题的分析。

（四）成绩分析

1.分值分布：可从参赛组别、选手技能水平、年龄层次等不同角度，按照不同的统计方法，对竞赛成绩分布情况等进行汇总并以图表形式直观显示。

2.分析结论：通过对选手成绩进行科学的解析判断，客观分析竞赛中取得成绩的原因和出现的问题，并给出相应对策。

（五）发展趋势分析

应包括本行业、本职业（工种）的前沿发展情况介绍，未来发展趋势分析。可从地区经济对行业（职业）的需求、行业（职业）对人才的技术技能要求、行业（职业）技术技能的发展变化趋势等方面介绍，使参加点评人员全面了解本行业、本职业（工种）发展方向，起到一定的导向和启示作用。

附录 8

全国职业技能竞赛申请备案表

申请单位（章）＿＿＿＿＿＿＿＿＿＿＿＿

负　责　人＿＿＿＿＿＿＿＿＿＿＿＿

联　系　电　话＿＿＿＿＿＿＿＿＿＿＿＿

申　请　日　期＿＿＿年＿＿月＿＿日

中国就业培训技术指导中心

填表说明

一、凡举办冠以"全国""中国"等名称的职业技能竞赛活动需填报此表。

二、主办单位应于下发竞赛通知前二个月,将此表报送中国就业培训技术指导中心技能竞赛处。

三、表中所列"主办单位上级主管部门意见"系指行业劳动保障工作机构或所属主管部门意见。

四、表中所列比赛场地、设备、技术文件等要求,应另附相关资料。

五、此表可打印或用钢笔填写,一式三份。

申办竞赛名称			
主办单位			
承办单位			
协办单位			
竞赛规模	参加初赛_____人；参加决赛_____人		
竞赛职业 （工种）	职业（工种）名称	职业代码	国家职业标准等级
参赛地区			
境外参赛组织 （机构）名称			
竞赛组织时间	_____年_____月至_____年_____月		
全国决赛时间	_____年_____月	全国决赛地点	_____市
竞赛经费来源			
是否具备相应 比赛场地和设备			
是否有相应的 技术文件			

是否建立了满 足竞赛使用的 国家级裁判员 队伍	职业（工种）名称	现有裁判员人数	计划培训 裁判员人数	计划培训时间

组织机构名称			
办公地址			
联 系 人		联系电话	

附
录

竞赛主办单位上级主管部门意见	
中国就业培训技术指导中心意见	
人力资源和社会保障部业务主管部门意见	
批准竞赛活动名称	
有效期	自　　年 月 日至　　　年 月 日止
备　注	

附录 9

全国技术能手申报表

（评选表彰用）

姓　　名＿＿＿＿＿＿＿＿＿＿＿＿＿＿

工作单位＿＿＿＿＿＿＿＿＿＿＿＿＿＿

人力资源社会保障部

2018 年制

姓名		性别		照片
出生日期		民族		
政治面貌		文化程度		
职业(工种)名称		职业资格(技能等级)		
参加工作时间		从事本职业(工种)时间		邮政编码
工作单位				
身份证号码				
通讯地址				
办公电话(座机)		手机		
电子邮箱				

<table>
<tr><td colspan="3" align="center">主要经历</td></tr>
<tr><td>起止时间</td><td>在何单位学习、工作</td><td>证明人</td></tr>
<tr><td></td><td></td><td></td></tr>
</table>

项　　目	内　　容	证明人或证明材料
获得国家专利情况		
荣获省部级或以上科技进步奖情况		
技术革新情况		
其他绝招绝技或突出贡献		
职业技能竞赛获奖情况		

项　目	内　容	证明人或证明材料
曾获得的荣誉称号		
其他获奖情况		

身份证复印件粘贴处

正面：

背面：

本人所在基层 单位意见	 签字盖章 年　　月　　日
本人所在基层 单位上级主管 单位或所在地 地市级人社部 门意见	 签字盖章 年　　月　　日
推荐单位意见	 签字盖章 年　　月　　日
评审意见	 签字盖章 年　　月　　日

附录

附录 10

中华技能大奖申报表

姓　　名＿＿＿＿＿＿＿＿＿＿＿＿＿＿

工作单位＿＿＿＿＿＿＿＿＿＿＿＿＿＿

人力资源社会保障部

2018 年制

姓名		性别		照片
出生日期		民族		
政治面貌		文化程度		
职业（工种）名称		职业资格（技能等级）		

参加工作时间		从事本职业（工种）时间		邮政编码	

工作单位	
身份证号码	
通讯地址	

办公电话（座机）		手机	

电子邮箱	

是否获得全国技术能手	是□ 否□	获全国技术能手方式	评选表彰□ 职业技能竞赛□

主要经历		
起止时间	在何单位学习或工作	证明人

项　目	内　容	证明人或证明材料
获得国家专利情况		
荣获省部级或以上科技进步奖情况		
技术革新情况		
其他绝招绝技或突出贡献		
职业技能竞赛获奖情况		

非金属焊接职业技能竞赛指导读本

项　目	内　容	证明人或证明材料
曾获得的荣誉 称号		
其他获奖情况		

身份证复印件粘贴处

正面:

背面:

本人所在基层单位意见	 签字盖章 年　　月　　日
本人所在基层单位上级主管单位或所在地地市级人社部门意见	 签字盖章 年　　月　　日
推荐单位意见	 签字盖章 年　　月　　日
评审意见	 签字盖章 年　　月　　日

附录 11

国家技能人才培育突出贡献单位申报表

单位名称＿＿＿＿＿＿＿＿＿＿＿＿＿

单位地址＿＿＿＿＿＿＿＿＿＿＿＿＿

联 系 人＿＿＿＿＿＿＿＿＿＿＿＿＿

联系电话＿＿＿＿＿＿＿＿＿＿＿＿＿

人力资源社会保障部

2018 年制

单位名称	
统一社会 信用代码	
经营（培训） 范围	
注册资金 （固定资产）	
单位类型	□企业　□院校　□培训机构　□科研院所　□事业单位 □行政机关
世界技能大赛 集训基地	□是,具体承担＿＿＿＿＿＿＿＿＿＿＿＿项目 □否
国家级高技能 人才培训基地	□是,时间＿＿＿＿＿＿＿＿＿ □否
在技能人才培养 和使用方面的具 体政策和措施	
曾获得的荣誉 和奖项	

<table>
<tr><td colspan="3">候选单位为企业、科研院所、事业单位、行政机关类型的,填报以下栏目</td></tr>
<tr><td rowspan="7">员工培训情况</td><td>岗位（职业）数量（个）</td><td></td></tr>
<tr><td>岗位鉴定比例（％）</td><td></td></tr>
<tr><td>每年鉴定人数占职工总人数比例（％）</td><td></td></tr>
<tr><td>每年岗位培训数（人次）</td><td></td></tr>
<tr><td>培训经费投入占工资总额比例（％）</td><td></td></tr>
<tr><td>单位组织竞赛活动次数（次/年）</td><td></td></tr>
<tr><td>参加竞赛人数比例（％）</td><td></td></tr>
</table>

高技能人才情况	员工总数（人）	
	取证人数占员工总数比例（％）	
	高级技师人数占员工总数比例（％）	
	技师人数占员工总数比例（％）	
	高级工人数占员工总数比例（％）	

候选单位为院校、培训机构的，填报以下栏目		
办学类型	□政府办学　□行业办学　□企业办学　□社会力量办学	
师资情况	专业教师中双师型教师的比例（％）	
	专职教师中拥有高级专业技术职称的比例（％）	
	每千名学生拥有高级专业技术职称教师数（人）	
	一级实习指导教师及以上职称占实习教师总数的比例（％）	
	行业专家担任兼职教师的比例（％）	
学生情况	在校生人数（人）	
	学生获得相应的技能等级证书和职业水平证书的数量和比例（％）	
	毕业生一次就业率（％）	
	在校生在各级各类专业技能大赛中获奖的人数（人）	
	社会进修学生人数（人）	
	高级技能人才占学生总规模的比例（％）	
	培养高级工、技师、高级技师等高技能人才占学生规模的比例（％）	
生均事业费支出情况	生均教学成本（元）	
	培训时间	
	生均公用经费支出数（元）	
	生均教学仪器设备资产值（元）	
	生均实习工位数（个）	
	获双证书学生总规模（人）	
	社会培训生总规模（人）	
	企业代培学员的比例（％）	

本单位意见	
	签字盖章 年　　月　　日
单位上级主管单位或所在地地市级人社部门意见	
	签字盖章 年　　月　　日
推荐单位意见	
	签字盖章 年　　月　　日
评审意见	
	签字盖章 年　　月　　日

非金属焊接职业技能竞赛指导读本

附录 12

国家技能人才培育突出贡献个人申报表

姓　　名_____

工作单位_____

人力资源社会保障部

2018 年制

附
录

姓名			性别		照片
出生日期			民族		
政治面貌			文化程度		
工作岗位			技术职务 职业资格 （技能等级）		
参加工作时间			从事本职业 （工种）时间		邮政 编码
工作单位					
身份证号码					
通讯地址					
办公电话 （座机）			手机		
电子邮箱					

<table>
主要经历
</table>

起止时间	在何单位学习、工作	证明人

非金属焊接职业技能竞赛指导读本

项　　目	内　　容	证明人或证明材料
在技能人才培养工作中的主要经验和做法		
在技能人才培养工作中取得的效果和主要成绩		
曾获得的荣誉和奖励		

<table>
<tr><td colspan="3" align="center">身份证复印件粘贴处</td></tr>
<tr><td colspan="3">正面：</td></tr>
<tr><td colspan="3">背面：</td></tr>
</table>

附

录

本人所在基层 单位意见	 签字盖章 年　　月　　日
本人所在基层 单位上级主管 单位或所在地 地市级人社部 门意见	 签字盖章 年　　月　　日
推荐单位意见	 签字盖章 年　　月　　日
评审意见	 签字盖章 年　　月　　日

附录 13

推荐单位：

中华技能大奖和全国技术能手候选人推荐表

分配名额数：中华技能大奖候选人_____、全国技术能手候选人_____；实际推荐人数：中华技能大奖候选人_____、
全国技术能手候选人_____

(公章)

项目	内容	姓名	性别	出生年月	民族	政治面貌	工作单位	身份证号码	职业（工种）	技能等级	文化程度	联系电话
中华技能大奖候选人	1											
	…											
全国技术能手候选人 常规渠道	1											
	2											
	3											
	…											
全国技术能手候选人 国家重大项目（工程）渠道	1											
	2											
	3											
	…											

填表人：　　　　　　填表日期：　　　　　　联系电话：

附录

附录 14

国家技能人才培育突出贡献候选单位推荐表

推荐单位：

（公章）

序号	单位名称	统一社会信用代码	联系人	联系电话	单位地址	邮政编码
1						
…						

填表人：　　　　　　　填表日期：　　　　　　　联系电话：

附录 15

国家技能人才培育突出贡献候选个人推荐表

推荐单位：

（公章）

序号	姓名	性别	年龄	民族	政治面貌	工作单位	身份证号码	职业（工种）	技术（技能）等级	文化程度	联系电话
1											
…											

填表人：　　　　　　　填表日期：　　　　　　　联系电话：

附录 16

国家职业技能竞赛裁判员资格申报表

填表日期　　年　月　日

姓名		性别		年龄		免冠1寸 近照
专业 （或工种）		职称或 技术等级				
工作单位						
通讯地址						
邮政编码		联系电话				
身份证 号码						
全国比赛 执裁简历						
推荐单位 意见	签章： 年　月　日					
审核单位 意见	签章： 年　月　日					

注：相关证明材料（复印件）附后。

附录 17

国家职业技能竞赛裁判员资格证书登记表

姓名		性别		年龄		免冠 1 寸近照
专业（或工种）		职称或技术等级				
工作单位						
通讯地址						
邮政编码		联系电话				
身份证号码						
参加人社部鉴定中心组织的裁判员培训班时间和考核成绩						
委托培训单位意见				签章： 年　　月　　日		
发证单位审核意见				签章： 年　　月　　日		

注：本登记表一式两份，由人力资源和社会保障部职业技能鉴定中心存档备查。

附录 18

国家级职业技能竞赛裁判员审验申请表

证书编号：

姓名		性别		年龄		
专业或工种		职称或 技术等级				照片
工作单位						
通讯地址						
邮政编码			联系电话			
身份证号						
年审时间			有效期至		年　月　日	
执裁情况 详细名称 和时间						
执裁过程 中有何重 大过失（推 荐单位填 写）						
推荐单位 意见		签章 年　月　日		审核单位 意见		签章 年　月　日

注：(1)提交申请时，请将国家职业技能竞赛裁判员证书与胸卡一并上交。

(2)执裁情况项目中须填写有效期内参加的省市级以上职业技能竞赛。

(3)申请人务必如实填写无底纹项目，书写时要字迹清晰、规范。

附
录

103

参考资料

参考资料1　山东省"技能兴鲁"职业技能大赛非金属(PE)焊接职业技能竞赛赛务指南

一、竞赛组织机构及工作职责

本次竞赛由山东省质量技术监督局、山东省人力资源和社会保障厅、中国共产主义共青团山东省委员会联合主办,由山东省质量技术监督教育培训中心承办,西安塑龙熔接设备有限公司、山东胜邦塑胶有限公司、山东港华培训学院、浙江新大塑料管件有限公司、济南八达塑管熔接设备有限公司协办。成立了山东省"技能兴鲁"职业技能大赛非金属(PE)焊接职业技能竞赛组委会,负责竞赛的组织和管理工作。竞赛组织机构设置如下:

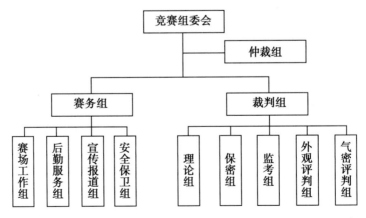

（一）竞赛组委会

主任：（略）

委员：（略）

主要职责：全面负责竞赛的组织领导工作，对竞赛有关重大问题进行审查并作出决定，对竞赛结果进行评定，颁发证书和奖励。

（二）仲裁组

组长：（略）

成员：（略）

主要职责：负责赛事协调、检查、监督；负责接受竞赛期间与赛事有关的各类申诉并组织调查，向竞赛组委会提出仲裁建议。

（三）赛务组

组长：（略）

成员：（略）

主要职责：负责与竞赛有关事宜的组织、协调工作；负责竞赛的筹备、对外联络、媒介宣传、会务接待、赛务安保等工作；负责准备理论、技能操作竞赛场地，落实设备、材料、记录表、报告单等文件资料；负责赛事宣传报道，编制赛务指南；负责竞赛奖品、证书的准备和发放工作；负责开幕式、闭幕式的筹备组织工作；负责与会领导、贵宾的邀请及接待工作。

赛务组下设 4 个工作组：

1. 赛场工作组

组长：（略）

成员：（略）

主要职责：负责竞赛场地的前期准备和竞赛期间的工作协调；协助裁判组做好选手抽签、试件评判结果传递、辅助成绩发布等赛务工作。

2. 后勤服务组

组长：（略）

成员：（略）

主要职责：负责竞赛人员的食、宿、行及会场安排。主要包括安排竞赛有关人员的食宿、会议室和会务用车；负责赛务资料发放；负责会场准备，赛务证件及表单印制；负责与会人员的医疗服务等。

3. 宣传报道组

组长：（略）

成员:(略)

主要职责:负责竞赛开、闭幕式的组织、策划及实施工作;负责开、闭幕式宣传标语、横幅设计与制作;负责媒介宣传筹划、草拟新闻稿、赛事的影像采播及编辑存档等工作。

4.安全保卫组

组长:(略)

成员:(略)

主要职责:负责竞赛场地、与会人员居住地、车辆交通以及其周围环境的安全保卫工作;负责竞赛 HSE 手册的编制、紧急预案的制订及 HSE 风险识别和应急处理;负责与竞赛相关场所的安全检查、监督和巡视。

(四)裁判组

裁判长:(略)

副裁判长:(略)

裁判员:(略)

主要职责:裁判组在竞赛组委会的领导下,负责各项赛务工作。主要负责组织制定竞赛内容、竞赛规则、评分标准及相关技术性文件;负责整个竞赛的裁判工作和竞赛成绩的报批、发布。裁判组设裁判长一人,副裁判长和裁判员若干名。

裁判长负责竞赛的裁判管理工作;有权决定取消未按规定时间入场和竞赛时违反赛规的选手的竞赛资格;处理竞赛中出现的技术问题。

副裁判长协助裁判长工作,按照裁判长的分工履行授权职能。

裁判组下设 5 个工作组:

1.理论组

负责理论竞赛现场的检录、监考工作,组织选手现场抽取座位号。主要包括:发出开始和结束竞赛的时间信号;对违反竞赛规则的选手,及时纠正并记录备案;及时做好监考记录;负责答卷的密封并移交;制止非规定人员进入竞赛现场。

2.保密组

按照竞赛规则,负责竞赛全过程的保密工作。主要包括:理论试卷的监印、封装、保管、押运,答卷的移交和保管;试件的保管、移交工作;记录表格及评判成绩单的保管、成绩汇总。

3.监考组

负责竞赛现场的检录和竞赛选手操作过程的评判、成绩复核和汇总工作;

发出开始和结束竞赛的时间信号；对违反竞赛规则的选手，及时纠正并记录备案，对于严重违反操作规定的，及时向裁判长报告；及时做好监考记录。

4.外观评判组

负责竞赛试件几何尺寸及焊缝外观的检测实施和成绩评定、汇总工作。

5.气密评判组

负责试件的气密性试验，进行该项目成绩评定、汇总工作。

二、报到须知

（1）所有与会人员请于×月×日之前报到。裁判员、参赛队领队、教练、选手等统一安排在××报到。与会人员食宿统一安排，费用自理。

（2）报到时，由各单位领队按照"登记→领取赛务材料→住宿登记→入住"的流程，统一办理手续。

（3）请仔细阅读《山东省"技能兴鲁"职业技能大赛非金属（PE）焊接职业技能竞赛赛务指南》（简称"《赛务指南》"），熟悉竞赛期间的各项活动安排。

（4）进入住地及竞赛现场等会务场所，请首先熟悉"安全出口"和疏散通道。

（5）关于健康、安全、环境的相关事宜请各参赛队相关人员详细阅读《HSE手册》。

（6）请妥善保管好随身物品，外出请注意人身和财物安全。

（7）竞赛组委会在××山庄设有赛务组。

赛务组设在××房间，电话：××，联系人：××，电话：××；医护人员值班室设在××房间，电话：××，联系人：××，电话：××。

为便于竞赛期间联系，请各参赛队领队及选手加入竞赛 QQ 群：××，并随时关注群内消息公告。

（8）××山庄总台电话：0531-××，内线：××。赛区交通示意图及××山庄楼层平面图见附件1、附件2。

三、竞赛须知

（1）裁判员、领队、教练、选手及工作人员一律凭竞赛组委会统一印发的证卡参加竞赛活动，并在指定地点食宿。

（2）参赛选手须持本人身份证、参赛证参加竞赛。

（3）为保证竞赛的顺利进行，裁判员、领队、选手和工作人员须按时参加竞赛及有关活动。因故不能参加者，应提前向竞赛组委会请假。

（4）竞赛过程中已完成竞赛项目的选手,外出活动应向本单位领队请假,并告知住地赛务组。

（5）竞赛期间各项活动安排若有临时变动,竞赛组委会将及时在住地大堂或适当位置张贴赛务通知,敬请留意。

四、竞赛日程安排

日期	时间	工作内容	地点	组织者
×月×日	08:00～12:00	组委会成员、裁判长、裁判员报到		赛务组
	15:00～17:00	组委会成员以及承办、协办方会议:审核竞赛场地及有关前期准备工作等事宜;裁判员报到		组委会
×月×日	09:00～12:00	选手、领队报到		赛务组
	09:00～11:30	裁判员会议:进行工作分工;掌握工作职责及流程;统一评判标准等		裁判长 副裁判长
	14:00～15:30	选手分时段熟悉竞赛现场		赛务组
	16:00～17:30	赛前预备会议: (1)参赛选手、领队、教练会议,赛前答疑 (2)抽签确定选手场次和工位		裁判长 副裁判长
	16:00～17:00	裁判验收竞赛场地,封闭赛场		副裁判长
×月×日	09:00～09:30	开幕式		组委会
	10:00～11:00	理论知识考试		理论组
	13:00～14:40	第一场实操竞赛		实操现场组
	15:00～16:40	第二场实操竞赛		实操现场组

续表

日期	时间	工作内容	地点	组织者
×月×日	08:00～09:40	第三场实操竞赛		实操现场组
	10:00～11:40	第四场实操竞赛		实操现场组
	13:00～14:40	第五场实操竞赛		实操现场组
	15:00～16:40	第六场实操竞赛		实操现场组
	17:00～18:30	评判及成绩汇总,技术交流等活动		组委会
×月×日	09:00～10:00	成绩发布会、优秀试件展示、闭幕式		组委会
	10:00～	返程		赛务组

注:日程安排若有变化,组委会将另行通知。

五、就餐安排

(略)

六、参赛选手熟悉竞赛现场安排

1.分组安排

×月×日,组织参赛选手熟悉竞赛现场,详细安排见下表:

日期	时间	内容	选手人数	场地
×月×日	×时～×时	参赛选手在工作人员的带领下,按顺序参观熟悉理论考场、实操考场及周边环境;由专人讲解实操设施配备及注意事项等	××	(1)实操考场
	×时～×时		××	(2)理论考场
	×时～×时		××	

2.注意事项

(1)选手熟悉现场时要统一服从安排,在工作人员的引导下有序进行。

(2)实操考场开放×号和×号工位,由专人讲解赛场基础设施(包括焊接设

参考资料

备、电源、照明、安全设施等)的配备情况、使用要求及注意事项。参赛选手要遵守现场纪律,认真听取讲解,未经许可,不得进入工位进行任何操作。

(3)实操考场平面图见附件3。

注:×号和×号工位为备用工位。

七、竞赛应急预案

(一)应急小组组成及有关组织机构

组长:(略)

成员:(略)

(二)突发事件应对

如遇突发事件,请立即与工作人员联系,并说明您的姓名、所处位置和突发事件的性质,应急小组会采取适当的措施进行救助。可拨打总服务台电话:××××;竞赛场地突发事件可拨打电话:××××。

如需撤离,请按房间、楼道以及赛场内提供的应急路线图撤离,听从工作人员指挥,到指定的紧急集合点集合。楼层平面图详见附件2。

(三)HSE 须知

1.基本要求

(1)竞赛操作场地应配备必要的灭火设备及医疗救护人员。在有触电危险的地方应悬挂"小心触电"标识,并应保持场地干净整洁,禁止堆放不必要的物品。

(2)禁止在竞赛场所吸烟。一经发现,任何人都有权制止。

(3)参赛人员自行负责好个人财产安全。

2.安全操作

(1)竞赛前,承办单位应检查灭火器具等安全防护设备。

(2)竞赛前,参赛选手应了解灭火设备以及紧急出口的位置,并检查各种电气设备运转及设备接地情况。

(3)参赛选手工作时必须按规定穿戴劳动防护用品,并按安全操作规程正确操作。工作时若遇到突发问题,如设备故障等,要立即与安全应急组联系,不得自行处理。

(4)停止工作时应关闭设备电源开关。

3.其他应急及 HSE 未尽事宜详见竞赛 HSE 手册

八、裁判员守则

(1)服从组委会和裁判长的领导,积极认真地做好竞赛裁判工作。

（2）保守试题秘密，严格执行赛场纪律，遵守裁判员守则，做到不徇私、不作弊。

（3）考场上除应向选手交代的考试须知外，不得向选手做任何暗示或解答与竞赛有关的内容。在执裁权限范围内的问题应当场答复。

（4）裁判员不得在选手竞赛作业时干扰选手正常操作。

（5）坚守岗位，不串岗，不迟到，不早退，无特殊情况在竞赛期间不得请假。

（6）执行裁判任务时要统一着装，佩戴裁判员胸卡，做到仪表整洁，语言举止文明礼貌，秉公执裁，自觉接受选手的监督。

（7）实事求是。认真做好竞赛现场监督、检查工作，如实填写竞赛记录；对违反操作规程的选手，应及时予以制止，确保竞赛安全。

（8）裁判员应服从裁判长的指挥，各专业组的裁判员在工作中如果出现严重意见分歧，应报告裁判长，由裁判长组织协商裁定。

（9）所有判为0分或判废的试件应报告裁判长复核、确认。

（10）严守保密规定，在竞赛组委会未正式公布成绩和名次前，不得向选手、领队及其他人员透漏有关竞赛信息。

（11）树立竞赛裁判形象，公平、公正地进行裁判。不得有袒护、支持、协同等任何形式的作弊行为。

（12）裁判员违反上述规定，按原劳动和社会保障部颁发的《国家级职业技能竞赛裁判员管理办法》（试行）处理。

九、参赛选手守则

（1）严格遵守竞赛规则和纪律，自觉维护赛场秩序。

（2）服从竞赛组委会和裁判员的统一指挥和安排。

（3）按时进入各考场，迟到15分钟者取消该项参赛资格，中途退场须经裁判长批准后方可退出。

（4）竞赛及与会期间佩戴参赛证，出示个人身份证，接受裁判员检查。

（5）在进行技能竞赛时，应严格遵守安全操作规程，根据竞赛规则穿戴齐全劳动保护用品。

（6）尊重裁判，文明竞赛，任何人不得无理取闹，有问题可向裁判员举手示意，但不得影响竞赛正常进行。

（7）严禁任何违纪、舞弊行为，一经发现，取消其参赛资格。

（8）任何参赛选手未经允许不得外出，私自外出者后果自负。

十、赛场工作人员守则

（1）工作人员应服从竞赛组委会和裁判员的领导，以高度负责的精神、严肃认真的态度和严谨细致的作风做好工作。

（2）工作人员上岗工作时，必须佩戴本届竞赛工作人员的标志，劳保用品齐全，着装整齐。

（3）工作人员应熟悉本工作内容及要求，服从安排，提前30分钟到场，坚守岗位，不迟到，不早退，不串岗。

（4）文明礼貌，讲话和气，维持竞赛秩序，保证竞赛正常进行，如有问题及时报告，不得私自处理和隐瞒不报。

（5）工作人员应严格遵守竞赛规则和保密规定，不徇私舞弊，任何情况下绝不以任何方式向外泄露竞赛秘密事项。

（6）工作人员不得与选手进行任何提示性交谈，只可进行有关工作方面的必要联系。

（7）工作人员不得以任何方式干扰选手竞赛，更不得在选手旁驻足逗留。

（8）工作人员不得在场内吸烟。

十一、违反竞赛规则的处理规定

为严肃竞赛纪律，保证竞赛公开、公平、公正，对违反竞赛纪律的人员给予以下处理：

（1）发现参赛选手不符合报名规定条件的，报经竞赛组委会核实后，一律取消其参赛资格。

（2）参赛选手有下列情节之一者，该项竞赛成绩记零分，并取消其资格：

①携带违规物品（手机、书籍、笔记、纸条等）进入考场者。

②人为损坏理论竞赛和实操竞赛设施设备者。

③在考场内交头接耳、左顾右盼者。

④严重违反安全操作规程者。

⑤不服从裁判员的裁决，扰乱竞赛秩序，影响竞赛进程，情节恶劣者。

⑥其他违反考试规则不听劝告者。

（3）对违反裁判员守则的裁判员，由裁判长报组委会核实、批准后，取消其裁判资格。

（4）对存在违纪选手的单位，取消获得团体奖、优秀组织奖的资格。

十二、开幕式议程

（1）主持人宣布开幕式开始。

（2）主持人介绍主席台领导、嘉宾。

（3）主办单位领导致开幕词。

（4）领导致欢迎词。

（5）裁判长宣读竞赛规则。

（6）裁判员代表宣誓。

（7）参赛选手代表宣誓。

（8）竞赛组委会领导宣布大赛开始。

十三、闭幕式议程

（1）主持人宣布闭幕式开始。

（2）主持人介绍主席台领导、嘉宾。

（3）竞赛裁判长点评并公布竞赛成绩。

（4）向获奖单位颁奖。

（5）向获奖选手颁奖。

（6）组委会领导讲话并宣布大赛闭幕。

十四、参赛选手名单

（略）

十五、领队、教练人员名单

（略）

附件 1：赛区交通示意图（略）
附件 2：××山庄楼层平面图（略）

附件 3

实操竞赛场地平面图

11号工位	1号工位	2号工位	3号工位	4号工位	5号工位	6号工位	7号工位	8号工位	9号工位	10号工位	12号工位

背景墙

| 大门← | 消防站 | 紧急救护站 | 人 行 通 道 | | | | ↑ | ↑ | 大门 | | |

| 工作人员区 | | | 观摩区 | | | | | 工作人员区 | | 大门 | 形象墙 |

注:11,12号工位为备用工位。

参考资料2 山东省"技能兴鲁"职业技能大赛非金属(PE)焊接职业技能竞赛技术方案

一、竞赛名称

山东省"技能兴鲁"职业技能大赛——2017年山东省质量技术监督行业非金属(PE)焊接职业技能竞赛。

二、执行标准

1.竞赛按照焊工高级工(国家职业资格三级)职业标准执行。

2.TSG Z6002—2010《特种设备焊接操作人员考核细则》。

3.TSG D2002—2006《燃气用聚乙烯管道焊接技术规则》。

三、竞赛内容

1.理论知识竞赛:

(1)理论试题80％来自附件1理论题库,20％为现场组题(题型为多选题);

(2)采用笔试闭卷考试方式,题型为单选题、判断题及多选题;

(3)采用答题卡机器阅卷的方式评分,要求同时在试卷上标注答案,如果答题卡与试卷答案不一致,以答题卡的答案为准;

(4)理论考试时间为60分钟;

(5)理论试题满分100分,成绩占总成绩的30％;

(6)理论试卷分为A、B卷,由现场抽签决定;

(7)涂卡使用的2B铅笔、橡皮、签字笔由竞赛组委会统一提供。

2.实操技能竞赛:

(1)竞赛项目见附件2试件图;

(2)焊机型号、工具、材料表详见附件3;

(3)PE焊接实操评分细则详见附件4;

(4)竞赛时间为100分钟;

(5)成绩评定:实操评分由裁判现场评定选手操作过程得分、焊件外观得分和气密性试验得分组成,满分100分,实操成绩占总成绩的70％。

四、竞赛流程

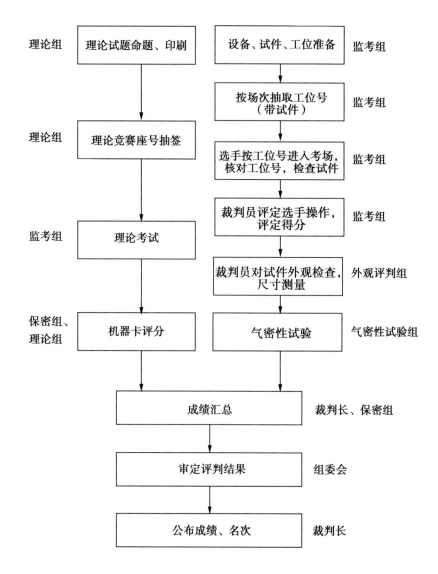

五、竞赛抽签规则

1.在裁判长的领导下,保密组和监考组组织进行抽签(抽签单样式见附件7)。

2.为方便参赛证件制作、发放,选手参赛证号在赛前按照一定规则进行绑定。

3.理论竞赛进考场前现场抽取座位号;实际操作场次号和抽签顺序号由领

非金属焊接职业技能竞赛指导读本

队在熟悉考场后抽取；工位号由选手在进入实操考场前抽取。抽签时间、地点见《赛务指南》。

4. 抽签完成后，工作人员及时填写抽签单，并由监考组裁判核对抽签单的信息是否完整无误，由工作人员盖章并在分割线处裁成两份，一份交选手作为参赛考试凭证，一份保密组存底。

六、理论竞赛规则

1. 参赛选手在考试前 20 分钟，凭身份证、参赛证在理论考场指定地点进行检录，抽取座位号进入考场。

2. 选手按照座位号的顺序在引导人员的带领下持证进入考场，对号入座，并将身份证、抽取的座位号放在桌面右上角，由监考裁判员查验。

3. 选手迟到 10 分钟以上时，将不得入场，按自动弃权处理；考试开始 30 分钟后方可提前交卷，经监考裁判同意后方可退场，不得在考场周围喧哗、逗留。

4. 选手不得携带除抽签单、身份证以外的手机、电子产品等无关物品进入考场。理论考试使用的工具由组委会统一发放。

5. 参赛选手拿到试卷后，首先在试卷、答题卡规定位置上正确、清晰地填写姓名、参赛证号等有关信息，不得在试卷、答题卡上做其他标记。

6. 监考裁判发出开始考试的时间信号后方可开始答题，否则按违纪处理。

7. 参赛选手必须独立完成试卷答题，保持考场安静，严禁相互讨论，不得窥视他人试卷。选手违反考规、作弊、弃权，其理论考试成绩计为 0 分。

8. 考试期间，参赛选手遇有问题应向监考裁判举手示意，由监考裁判负责处理。裁判员对涉及考题的问题不得有任何解释和暗示行为。

9. 监考裁判发出结束考试的时间信号后，参赛选手应立即停止答题，将答卷和答题卡扣放在桌面上并依次有序离开考场。

10. 考场中除指定的监考裁判外，包括新闻宣传人员等在内的其他人员须经组委会同意并佩戴相应的标志方可进入。

11. 参赛选手应服从管理，接受监考裁判的监督和检查。

12. 理论考试完成后由监考裁判密封试卷、答题卡，交由保密组保存。

七、实际操作竞赛规则

1. 参赛选手应在竞赛前 30 分钟，凭身份证、参赛证、竞赛抽签单在实操竞

赛场地指定地点进行检录，按照工位抽签顺序号依次抽取实际操作工位，并在登记表上签字确认。

2.参赛选手不得携带除竞赛抽签单、身份证以外的无关物品进入考场。

3.选手应按照抽取的工位号进入指定工位，并应检查下列事项：

(1)焊机是否完好；

(2)管材、管件是否齐全、完好；

(3)工具、辅具是否齐全、完好；

(4)试件上的编码是否清晰。

4.检查无误后，与裁判共同签字确认。试件一般不予调换，若有异议，由裁判长决定调换与否。

5.参赛选手应准时参赛，开赛迟到15分钟以上者，将不得入场，按自动弃权处理。

6.监考裁判发出开始竞赛信号后，参赛选手才可进行操作。

7.竞赛期间，参赛选手应严格按照劳动保护规定穿戴好劳动防护用品，并严格遵守安全操作规程，接受裁判员、现场技术服务人员的监督和警示，确保设备及人身安全。

8.参赛选手要严格按竞赛组委会提供的材料和指定的要求进行操作。

9.参赛选手必须独立完成所有项目（注明：加热板提取除外），保持赛场安静，严禁喧哗和相互讨论。

10.由于跳闸或者停电等不可抗拒因素影响工作时，选手提出，经裁判长核实情况后裁决。

11.竞赛过程中，允许选手休息、饮水、上洗手间，其耗时一律计算在操作时间内。

12.选手在竞赛过程中如发现问题，应立即向裁判反映，得到裁判同意后方可暂停竞赛，否则时间照计。

13.竞赛过程中，裁判对每名选手的各道工序应认真填写竞赛监考记录。

14.裁判及赛场工作人员与参赛选手只能进行有关工作方面的必要联系，不得进行任何提示性交谈。其他允许进入赛场的人员，一律不准与参赛选手交谈。任何在赛场的人员，不得干扰参赛选手的正常操作。发现裁判营私舞弊的，应立即停止其工作，并将情况通知竞赛组委会按程序做出处理。

15.除当场次的参赛选手及指定负责该场次的裁判员、工作人员外，有关领导及新闻宣传人员应在组委会负责人陪同下进入赛场。进入赛场人员均须佩戴规定的标志并遵守赛场纪律,其他人员一律谢绝进入赛场。

16.竞赛期间,参赛选手应爱护赛场设备,不得人为损坏。

17.操作完成时,选手应举手示意裁判记录技能竞赛实际时间,以备成绩相同者排序需要。

18.竞赛结束,选手清扫工位,关闭电源,整理完工器具等离开考场,不得在考场逗留或围观其他选手操作。

八、竞赛成绩评定

1.PE焊接竞赛成绩由理论知识竞赛和实操技能竞赛两个项目的成绩组成。

2.依据竞赛评判规则对参赛选手完成的竞赛项目进行评定,并按评定标准给出获得的分数,两个项目的成绩总得分即为该参赛选手的竞赛成绩,满分100分。

3.团体总成绩为各代表队2名选手成绩总和。

4.竞赛名次判定:

(1)选手个人竞赛名次按照总成绩的高低排名;

(2)团体成绩按照各代表队2名选手成绩总和的高低排名;

(3)总分相同时,以实操技能分数高者为先;两者分数均相同时,以实操时间短者为胜;

(4)团体竞赛名次按照各代表队2名选手成绩总和进行排名。

九、赛场纪律

1.参赛选手必须服从裁判人员指挥,按"竞赛技术文件"进行实际操作。凡在操作竞赛中违反规定的,裁判人员有权予以制止。

2.考场中除指定的裁判人员外,其他人员只能在规定范围内观摩竞赛。

3.赛场内应保持肃静,不得喧哗和相互讨论。

4.禁止在赛场使用移动电话,禁止在赛场内吸烟。

十、职业健康和安全条例

1.组委会将安排一名人员专职负责职业健康和安全事宜。负责职业健康和安全事宜的人员有如下职责：

（1）在竞赛开始之前发放职业健康和安全须知，必要时提前发放书面材料；

（2）在赛前和竞赛期间检查职业健康和安全措施的有效性；

（3）监督遵循职业健康和安全措施；

（4）必要时，向裁判组报告违反职业健康和安全措施情况。

2. 每名参赛选手都必须遵守职业健康和安全措施须知，并签名确认。

十一、争议和仲裁

每场实操竞赛结束后，裁判员、竞赛选手都要对评分签字确认。对评分项有争议时，选手可要求仲裁申请，由仲裁组合议后给出仲裁意见。

1. 申诉：

（1）当参赛选手对裁判的判罚有异议时，可提出申诉；

（2）参赛选手的申诉必须由本代表队领队在所申诉事件发生 3 小时内以书面形式（申诉单见附件 5）向竞赛仲裁组（或组委会）提出。

2. 仲裁：

（1）监察仲裁组（组委会）负责受理选手的申诉，并将处理意见在 3 小时内以书面形式送达提出申诉的领队及当事人，申诉处理单格式见附件 6；

（2）监察仲裁组（组委会）的裁决决定为最终裁决。

附件 1

第一届非金属（PE）焊工技能竞赛理论题库

1. 判断题（略）

2. 单项选择题（略）

3. 多项选择题（略）

附件 2

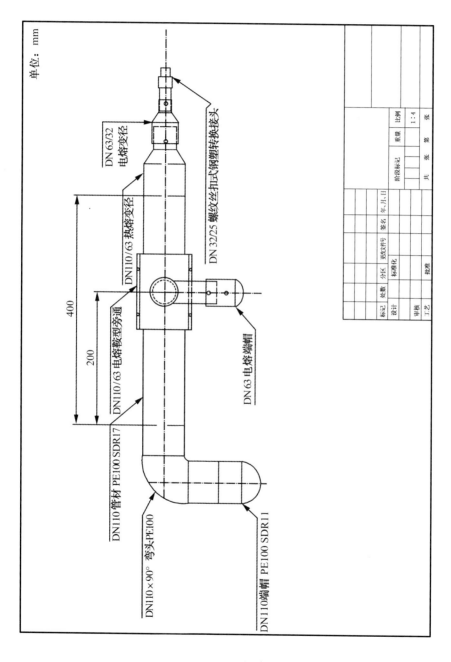

单位: mm

DN 63/32 电熔变径

DN110/63 热熔变径

DN 32/25 螺纹丝扣式钢塑转换接头

DN110/63 电熔鞍型旁通

DN110管材 PE100 SDR17

DN 63 电熔端帽

400

200

DN110×90° 弯头 PE100

DN110端帽 PE100 SDR11

标记	处数	分区	更改文件号	签名	年、月、日			
设计			标准化			阶段标记	重量	比例
								1：4
审核								
工艺			批准			共　张	第　张	

参考资料

竞赛用设备、工具和材料表

序号	名称	规格	备注
1	热熔焊机	MEHB160/M	
2	电熔焊机	JAUNE48/RU	
3	辊轮支架	32/160	
4	铰链割刀	90/250	
5	翻边卡尺	90/315	
6	刨边器	110/315	
7	电熔固定夹具	32～90	
8	旋转切刀	40～110	
9	平板刮刀	通用	
10	管材	DN110 SDR17 PE100 级	
11	热熔变径管件	DN110/63	
12	电熔变径	DN63/32 SDR11	
13	弯头	DN110×90°弯头一端 SDR11，一端 SDR17	
14	端帽	DN110 SDR11	
15	钢塑转换接头	DN32 SDR11	
16	电熔套筒	DN63 SDR11	
17	端帽	DN63 SDR11	
18	电熔鞍型旁通	DN110/63	
19	平板尺	50 cm	
20	记号笔	通用	
21	毛刷	50 mm	
22	毛巾	通用	
23	开口扳手	M6	
24	内六角扳手	M6	

非金属(PE)焊接技能竞赛实操过程评分表

姓名：　　　　　参赛号：　　　　　日期：

第　　场　　工位：　　号　　　　试件编号：

序号	项目	操作内容	评分要求	分值	扣分标准	实评得分	备注
1	焊前检查，参数计算	测量电源电压，确认电压符合焊机要求	有无测量	2	未测量扣1分		前期检查记录表，现场填写后裁判评分
2		清洁油路接头，正确连接焊机各部件	有清洁操作，且效果良好		未清洁或连接错误重新连接扣1分		
3		检查清洁加热板，当涂层损坏时，加热板应当更换，加热板表面聚乙烯的残留物只能用木质工具去除，油污油脂等必须用洁净的棉布和酒精进行处理	是否有清洁过程，擦拭工具是否符合要求	2	没有清洁过程扣2分，擦拭工具不符合要求扣1分		
4		按照焊接工艺正确设置吸热、冷却时间和加热板温度等参数。焊接前，加热板应当在焊接温度下适当预热，以确保加热板温度均匀	温度设定：(225±10)℃	6	工艺卡中的空白参数由选手填写，填写正确得满分，不正确得0分		
5		清洁电熔焊机电源输出接头，保证良好的导电性	有清洁操作，且效果良好	2	未清洁扣2分		

参考资料

序号	项目	操作内容	评分要求	分值	扣分标准	实评得分	备注
6		清洁管材外表面、内外端口	管材、管件端口无油污、异物等杂质	3	采用干布或无水乙醇清洁得满分;未清洁彻底或采用其他方式比如手、衣服等清洁扣3分;未清洁得0分		
7		在焊机机架上装配管材、管件	焊接端各伸出3 cm	2	目测,一次性满足标准得满分;过长过短扣1分;无法放入铣刀需要再调整扣2分		
8	热熔焊接过程	测试拖动力	将机架活动端完全打开,然后将液压控制箱上的泄压阀松开,调压阀按逆时针方向调小,然后将方向控制操作杆置于闭合状态,同时关闭泄压阀,目视机架油缸部位,将调压阀按顺时针方向缓慢调大。当机架油缸带动管材、管件平缓向前滑行时,记录下压力表上的显示值,即为拖动压力值	5	一个环节错误扣1分;每个热熔焊口都要测量拖动压力,漏一个得0分		现场评分项
9		铣削待焊接管端面,铣削片至少连续三圈不断	铣削片应从机架下部抽出并清理干净,最终铣削片厚度为0.1~0.2 mm,宽度等于管材、管件壁厚	2	取铣削片位置不正确扣1分;铣削片厚度超过0.2 mm扣1分		

序号	项目	操作内容	评分要求	分值	扣分标准	实评得分	备注
10	热熔焊接过程	检查焊口合拢后的端面情况	错位量不大于管材、管件壁厚的10%,间隙小于0.3 mm	2	错位量大于10%扣2分;间隙大于0.3 mm扣2分		现场评分项
11		加热	调整焊接压力＝拖动压力＋焊接规定压力	3	焊接压力设定错误扣3分		
12			卷边凸起高度达到工艺卡规定时,降压至拖动压力开始吸热计时	3	达到高度后未降压扣3分;凸起高度过大或过小扣1分		
13		切换对接	时间与规定时间相符	1	切换时间超过规定时间扣1分		
14			压力迅速升至焊接压力	2	没有升压扣2分		
15		拆卸管道元件	达到冷却时间后,压力降为零,拆卸完成焊接的管道元件	2	未降压拆卸扣2分		
16	电熔承插焊接过程	清洁管材,检查管材端口平直度	管材洁净,端口斜度不大于5 mm	3	管材未清洁扣1分;未检查斜度扣3分		现场评分项
17		拆除管件外包装,取出合格证	检查合格证与管件的一致性	2	提前打开包装扣2分		
18		检查管件发热丝排布	发热丝布列整齐	1	未检查扣1分;检查有问题时可以提出更换管件		

序号	项目	操作内容	评分要求	分值	扣分标准	实评得分	备注
19	电熔承插焊接过程	量取焊接区域长度,在管材上标出刮削区域	管材焊接区域做限位标识和斜线或网格线标识	4	未做标识扣4分;只做限位标识扣2分		现场评分项
20		刮除管材表面氧化层	氧化层去除厚度为0.1～0.2 mm	2	刮削不完全扣1分;不刮削扣2分		
21		量取焊接区域长度,在管材上做标记	标记准确	2	未标记扣2分		
22		承插管材至标记位置	承插到位,安装正确	1	承插过深、过浅扣1分		
23		安装电熔夹具	不得使电熔管件承受外力,管材、管件的不同轴度应小于2%	3	未使用夹具扣3分;不同轴度过大扣2分		
24		连接焊机至电熔管件	电熔电极头插装牢固	1	插装不牢固,焊接过程中松动或掉落扣1分		
25		启动焊机,输入焊接参数开始焊接,全部采用手动模式	焊接参数输入模式正确	2	未使用手动模式扣2分		
26		冷却时间结束后,拆除夹具进行管件外观检查	冷却期间严禁施加外力,保持自然冷却	2	提前拆卸扣2分		

序号	项目	操作内容	评分要求	分值	扣分标准	实评得分	备注
27	电熔鞍型焊接过程	画线	在管材上画出焊接区域	4	未做标识扣4分;只做限位标识扣2分		现场评分项
28		焊接面清理	将画线区域内的焊接面刮削0.1~0.2 mm,以去除氧化层,刮削区域应大于鞍体边缘	2	刮削不完全扣1分;不刮削扣2分		
29		管件安装	用管件制造单位提供的方法进行安装,确保管件与管材的两个焊接面无间隙	2	安装不牢固扣2分		
30		安装电熔夹具	不得使电熔管件承受外力	2	未使用夹具扣2分		
31		连接焊机至电熔管件	电熔电极头插装牢固	1	插装不牢固,焊接过程中松动或掉落扣1分		
32		启动焊机,输入焊接参数开始焊接,全部采用手动模式	焊接参数输入模式正确	2	未使用手动模式输入扣2分		
33		冷却时间结束后,拆除夹具进行管件外观检查	冷却期间严禁施加外力,保持自然冷却	2	提前拆卸扣2分		

序号	项目	操作内容	评分要求	分值	扣分标准	实评得分	备注
34	撤离现场	整理工具,盘回各种电缆线	工具收拾齐全,现场整洁	1	未整理工具等扣1分		现场评分项
35		竞赛中产生的废料垃圾必须集中收起,置于垃圾回收处	检查清理工位卫生	1	未清理卫生扣1分		
总计		分值总计:77分			实评得分:		
竞赛完成历时: 分 秒							
说明	否决项和关键项	焊接参数输入错误	现场指出错误,停止后续操作		终止比赛		
		竞赛时间100分钟	时间达到后,停止操作,按已完成内容计分		按实际完成内容计分,未完成焊口(含电熔和热熔)每处扣5分		
		竞赛过程中,丢失零件,人为损坏设备致使设备无法使用			终止比赛		
		工具、辅具丢失	每件扣5分,最高扣10分				
		110×90°弯头 一端 SDR11,一端 SDR17	焊错		终止比赛		
		气密性试验	0.2 MPa 保压5分钟,无活动气泡		漏气扣20分		

参赛选手确认: 现场裁判确认:

附件 5

申　诉　单

选手姓名		选手证号	
竞赛工种		竞赛日期	
通讯地址		电话号码	
申诉内容			
事由说明			

领队签字：

附件6

申诉处理单

选手姓名		申诉时间	
被投诉人员或单位			
竞赛工种		竞赛日期	
通讯地址		电话号码	
申诉内容			
调查情况			调查人： 日　期：
纠正措施验证结果			验证人： 日　期：

保存地点：竞赛组委会　　保存期限：半年　　　编号：

非金属焊接职业技能竞赛指导读本

附件 7

抽签单样式

2017 年山东省"技能兴鲁"职业技能大赛非金属(PE)焊接职业技能竞赛(例)

选手姓名:_____ 选手参赛证号:_____

实际操作竞赛场次:第_____场 顺序号:_____ 工位号:_____

注:(1)抽签单应妥善保存,竞赛期间随身携带。

(2)理论考试时间:10 月 11 日 10:00～11:00

地点:一楼大教室

(3)实操考试时间:10 月 11 日 13:00～14:40

地点:机械学院金工车间

竞赛组委会

二〇一七年十月

(选手留存)

2017 年山东省"技能兴鲁"职业技能大赛非金属(PE)焊接职业技能竞赛(例)

选手姓名:_____ 选手参赛证号:_____

实际操作竞赛场次:第_____场 顺序号:_____ 工位号:_____

注:(1)抽签单应妥善保存,竞赛期间随身携带。

(2)理论考试时间:10 月 11 日 10:00～11:00

地点:一楼大教室

(3)实操考试时间:10 月 11 日 13:00～14:40

地点:机械学院金工车间

竞赛组委会

二〇一七年十月

(会务留底)

参考资料

参考资料3 山东省"技能兴鲁"职业技能大赛非金属(PE)焊接职业技能竞赛裁判员手册

一、总则

(一)宗旨

围绕"一切以选手为中心"的工作理念,执行竞赛规则,履行竞赛程序,保证赛事公平、公正,保障参赛队和选手的合法利益,维护竞赛的公信力和权威性,推动焊接技术不断进步,培养一支高技能人才队伍。

(二)行为准则

1.裁判员应服从组委会和裁判长的领导,恪守"公平、公正、公开"的执裁原则。

2.裁判员上岗工作时,必须佩戴本届竞赛裁判证,统一着装,仪表整洁,语言举止文明礼貌,执裁严谨、合理,接受仲裁组和参赛人员的监督。

3.裁判员应服从安排,坚守岗位,不迟到,不早退,不串岗。

4.不断加强学习,改进执裁方法,提出合理化建议,提高整体赛务水平。

5.裁判员应执行竞赛纪律,除向选手交代竞赛须知外,不得向选手暗示解答与竞赛有关的问题,更不得向选手进行指导或提供方便等非公平性获益。

6.裁判员应监督选手遵守竞赛规定和安全规定等情况,正确处理竞赛中出现的技术问题,不得无故干扰选手比赛。

7.裁判员应严格保守竞赛秘密,竞赛期间,不得向各领队、教练及选手泄露、暗示竞赛秘密。在竞赛结果公布前,不得泄露选手的竞赛成绩。

8.裁判员执裁过程中执裁不严,出现漏判、错判或明显不公正现象,由裁判长责令停止裁判工作;情节严重的,按有关规定给予相应处分。

(三)裁判员权利

裁判员有以下权利:

1.参加裁判员培训。

2.独立行使竞赛执裁权。

3.对竞赛规则和裁判方法提出修改意见和建议。

4.监督本级裁判组织执行各项裁判员制度。

5.检举裁判员队伍中的违纪行为。

（四）裁判员的主要职责

裁判员的主要职责如下：

1.服从竞赛组委会和裁判组的安排，积极参与竞赛的裁判工作。

2.熟练掌握本工种竞赛规则和裁判方法，并参与竞赛规则和竞赛评判方案的设计。

3.配合竞赛裁判委员会进行有关裁判员执裁情况的调查。

二、裁判长守则

裁判长应服从组委会和仲裁组的领导，负责掌握本职业竞赛的整体运行。裁判长应认真检查落实各项准备工作和整个赛事的运行控制工作。

（一）赛前准备工作

1.裁判长应认真检查落实各项准备工作，检查内容包括三方面：

（1）竞赛场地及设施是否满足需要；

（2）竞赛材料、设备、工器具等是否满足需要；

（3）竞赛所使用的软件是否满足需要且正常运行。

2.裁判长应负责裁判员的任用、分工和培训，培训内容包括两个方面：

（1）竞赛流程、竞赛项目、竞赛规则和评分标准；

（2）裁判员的权利、义务及各分组裁判员的职责。

（二）竞赛整体运行工作

1.裁判长应掌握竞赛的整体运行，做出各组分工，排出运行计划，确保竞赛顺利进行。

2.裁判长应对全部竞赛裁判工作负总责，协调、指导裁判员工作。

3.裁判长应负责处理现场出现的技术问题和突发事件。

4.裁判长应每天召开裁判会，总结分析当天运行情况，解决问题，布置下步工作。

5.裁判长应全权负责处理违规选手，并有权取消其竞赛资格。

6.裁判长应负责组织各工种解密及成绩汇总的工作，审定所有竞赛汇总成绩，经核对无误后，在成绩单上签字确认，并向组委会汇报。

7. 协助或代表仲裁组处理赛务申诉事项。

8. 竞赛成绩经组委会批准后,裁判长应代表组委会宣布竞赛结果。

(三)抽签仪式准备工作

1. 裁判长应根据竞赛协办单位准备的焊接工位数和报名参赛的选手人数设计竞赛场次。

2. 裁判长应负责设计抽签单,抽签单打印内容应包括:

(1)选手姓名、选手参赛证号、实际操作竞赛场次、顺序号和工位号;

(2)理论考试和实操考试的时间、地点。

3. 裁判长应负责验收选手证号和场次号签,确保其正确无误。

4. 裁判长应检查和确认抽签场地条件是否满足需要。抽签场地需能容纳所有选手、领队、教练及抽签工作人员,灯光明亮,有安全应急疏散通道。

5. 裁判长应检查落实抽签所需物品。抽签所需的物品:1 台电脑、1 台高速打印机、A4 纸、麦克风、选手证号签、场次号签、抽签单、签字笔、订书机、裁纸刀、各代表队报名表、8~10 人用座椅。

(四)竞赛现场运行工作

1. 裁判长应负责本职业竞赛现场材料、设备、场地等竞赛条件的整体检查验收,及时处理存在的问题,确保各项条件符合竞赛要求。

2. 裁判长应负责主持抽签和竞赛工作交底活动。主要包括:负责将总体流程、竞赛规则、抽签办法及监督办法等向所有与会人员公示;介绍抽签方式、抽签内容并答疑、妥善处理抽签过程中出现的问题。

3. 当参赛选手提出由于停电等不可抗拒因素影响工作时,裁判长应负责核实并裁决。

4. 裁判长应按规定严肃处理违规选手,并根据情况及时向组委会、仲裁组汇报。

5. 当各专业组的裁判员工作出现意见分歧时,裁判长应组织相关人员进行协商裁定。

6. 裁判长应复核所有判为 0 分或判废的试件,并裁决。

7. 裁判长应审核各小组要求重新复查的试件。

8. 裁判长应负责成绩汇总的工作。

9. 裁判长应邀请竞赛组委会领导和仲裁组参与监督。

10.考试成绩汇总时,裁判长应通知保密组和各组参与。具体程序依次为:

(1)由保密组裁判负责清点理论监考记录的签字确认成绩,根据数据包生成的成绩进行核对,如有不符,以签字版成绩为准;

(2)成绩单启封后,由一名理论组裁判员开始唱名及唱分,另一名理论组裁判员重复唱名及唱分;

(3)为确保姓名和得分正确无误,在计算机录入和手工记录人员旁边,应各有一名裁判员检查核对;

(4)录入完成后,由理论组组长负责核对;

(5)经理论组组长核对无误后,打印成绩单,并由理论组全体裁判员签字确认,上交裁判长。

11.实际操作竞赛解密及成绩汇总时,裁判长应通知保密组、现场监考组、外观评判组和气密性评判组参与。具体程序依次为:

(1)由协办单位工作人员按照试件编码依次排开;

(2)由保密组裁判员清点试件数量,经核对无误后送到指定地点;

(3)由一名保密组裁判员唱号,同时一名裁判员核对报号是否正确,另一名裁判员重复唱号,以便计算机录入和手工记录;

(4)为确保各类成绩输入正确无误,在计算机录入和手工记录人员旁边,应各有一名裁判员检查核对;

(5)保密组裁判员应在所有成绩单上签字确认,并上交裁判长。

12.成绩汇总后,裁判长应认真核查成绩单,经检查无误后向组委会汇报。具体程序依次为:

(1)汇总选手理论成绩和实际操作成绩时,在计算机录入和手工记录人员旁边,应各有一名裁判员检查核对;

(2)计算机录入完成后,打印计分软件自动生成个人总分排名、各单项排名、团体成绩排名、各代表队成绩等成绩单;

(3)手工记录完成后,按项统计成绩单,并与计算机统计结果比对;

(4)经比对无误后,裁判长在成绩单上签字确认,并向组委会汇报。

13.成绩发布会程序依次为:

(1)提前调试好成绩发布软件,布置好会场所需物品:3台电脑、2台高速打印机、麦克风、裁纸刀、A4纸、订书机、8～10人用桌椅;

（2）选取部分领队和教练代表进行成绩发布和督导，原始成绩单及评分记录表启封后，由一名代表开始唱名及唱分，另一名代表监督核对；

（3）由3台电脑同时录入，录入完成后将3台电脑的数据进行核对，确保数据准确无误；

（4）现场公布获奖人员（团体）名单，准备闭幕式颁奖仪式；

（5）工作人员整理获奖情况名单，打印发布成绩单，发放各参赛单位。

14.裁判长应负责汇总各组分析数据，总结本次竞赛工作，主持本职业竞赛技术点评。

三、副裁判长守则

1.副裁判长应服从裁判长的领导，负责协助裁判长开展各项工作。

2.协助开展各项准备工作的检查和确认。

3.组织并参与抽签和竞赛工作交底活动，确保抽签过程顺利进行。

4.协助培训裁判员，确保所有裁判员了解竞赛流程、规则等。

5.负责竞赛现场的监督指导，随时向裁判长汇报竞赛进度，确保裁判工作准确无误。

6.协助开展成绩汇总的工作。

四、裁判员守则

（一）工作流程

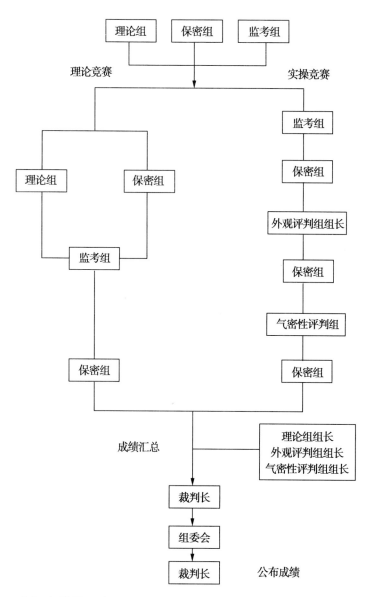

（二）理论组裁判员职责

1.裁判员应负责有关赛务工作安排。

2.裁判员应负责组织抽签和竞赛工作交底活动，并负责抽签时核查参赛选手的身份。

3.抽签结束后,组长应负责保管抽签单的存底。

4.在监督组监督下完成理论试卷抽题组卷工作,核对无误后交保密组印刷。

(三)监考组裁判员职责

1.裁判员应参与抽签和竞赛工作交底活动。

2.裁判员应认真检查赛前准备工作。

3.理论考试前,裁判员应认真检查理论考场条件。

4.裁判员应按理论考试规定,认真开展理论考试的监考工作,做好监考记录。

(1)裁判员应在考试前 30 分钟到达考试现场,检查考场准备工作;

(2)裁判员应在考试前 10 分钟,核对选手身份,核查有无违规物品,只允许选手携带准考证、身份证进入考场;

(3)考试开始 10 分钟后,裁判员应禁止选手入场,并按自动弃权处理;

(4)裁判员应在发出开始考试的时间信号前宣读考场规则;

(5)裁判员应严格执行竞赛规则,对试题不提示、不解释,只可如实讲清字迹及题目;

(6)裁判员不得以任何方式干扰选手答题;

(7)裁判员应及时纠正选手的违规行为,情节严重者应及时向裁判长汇报;

(8)裁判员应按竞赛规定,严格控制竞赛时间,及时发出结束考试的时间信号;

(9)裁判员应遵循公平、公正原则,不徇私,不作弊,如实填写监考记录;

(10)裁判员应负责监考记录及成绩单的密封工作,一般采用档案袋密封包装,用密封条在档案袋两端粘接良好;

(11)监考组组长应负责将密封包装的档案袋交保密组,并办理流转卡。

5.实际操作竞赛前,裁判员应认真检查实际操作竞赛现场条件,对存在的问题应及时向裁判长汇报,由裁判长负责处理。

(1)竞赛场地及设施是否满足竞赛要求;

(2)焊机是否符合竞赛要求;

(3)试件是否符合竞赛要求;

(4)裁判员与参赛选手属于同一单位的,应执行回避原则,主动向裁判长汇报,由裁判长负责调整。

6.裁判员应按实际操作竞赛规定,认真开展实际操作竞赛监考工作,做好监考记录。

(1)裁判员应在竞赛前20分钟到达竞赛现场,审核焊接设备;

(2)监考组组长应在赛前15分钟,核对选手身份、场次,并杜绝无关人员入场;

(3)开赛30分钟后,监考组组长应禁止选手入场,按自动弃权处理;

(4)各工位监考裁判员应仔细检查选手有无携带违规物品进入赛场;

(5)赛前15分钟,监考组组长应组织赛场工作人员将竞赛试件分发至各工位,经选手检查确认试件、焊机无误后,各工位监考裁判员应与参赛选手共同签字确认;

(6)监考组组长发出开始考试的时间信号后,各工位监考裁判员方可允许选手开始操作,并开始计时。

7.各工位监考裁判员看到选手举手示意后,应按竞赛要求详细检查选手的组对试件,并认真做好记录。

8.竞赛期间,各工位监考裁判员应负责监督选手是否按竞赛规定进行操作,并认真做好记录。

9.裁判员应及时记录选手的违规行为,情节严重者应及时向裁判长汇报。

10.裁判员应及时制止选手有可能伤及人身安全的行为,并做好记录。

11.各监考裁判员应准确记录参赛选手焊接完成时间并详细填写好监考记录表,与选手共同签字确认。

12.监考组组长应按竞赛规定,严格控制竞赛时间,及时发出结束考试的时间信号。

13.监考组组长应负责试件的验收,全部移交给保密组并办理流转卡。

14.监考组组长应负责总结和分析监考记录,书写技术点评报告,供竞赛技术点评时使用。

(四)保密组裁判员职责

1.裁判员应服从组长安排,严格按照竞赛保密制度要求开展保密工作。

2.裁判员应负责理论监考记录、成绩单、数据等的收集、保管工作。

3.保密组裁判员应将封装的资料置于单独房间或保险柜存放,并在房间门窗及保险柜上均贴上保密封条,无人值守时上锁,并由保密组组长保管钥匙。

4.资料回收:理论考试结束后,保密组裁判员应接转监考组组长移交的密封包装的档案袋,并办理流转卡。

5.启封:保密组应参加理论考试资料的启封过程,与理论组一起参与理论成绩汇总工作。

6.保密组裁判员应负责实操试件的移交及收件等工作。

（1）接收：保密组应接收监考组组长移交的试件，清点无误后办理流转卡；

（2）移交：保密组应将编号的试件移交各个评定组，并对流转过程实施监督和管理，办理流转卡；

（3）保密组应参与成绩汇总工作。

（五）外观评判组裁判员职责

1.外观评判组裁判员在组长的带领下，认真做好评定前的检查工作。

2.裁判员应按组长的安排，分工检查确认评判场地条件、检测工具以及各种评判记录表格是否满足要求。其中检测工具包括游标卡尺、焊缝检验尺、钢板尺、直角尺、放大镜、白色记号笔、手套等。

3.外观评判组组长应认真核查保密组移交来的试件，核查无误后办理流转卡并将试件分配给各评判小组进行评判。核查内容包括两个方面：

（1）核对试件数量；

（2）检查各试件是否都有编码，查看编码有无异常，有无其他不符合竞赛规定的痕迹。

4.裁判员应按竞赛规定进行外观测量和评定，并采取流水评判的方式对每个试件进行评分。具体如下：

（1）裁判员应将每场、每组试件统一摆放，并对试件外观成形进行比对，并集体评判，以便如实评分；

（2）每个检查项目分别由两名裁判员独立进行测量，核对无误后认真填写实测数据，并在该项记录表上准确注明试件的编码，对已填写数据进行修改时，应采用划改，并由修改者在修改处签名；

（3）凡在评判中存在缺陷的试件，裁判员应在缺陷处标出记号，记录缺陷状况，并交由组长确认，组长确认无误后，应将试件单独存放，并向裁判长汇报。

5.在外观评判过程中，组长有权抽查评判完的试件，发现与评判数据有较大差异时，组长可要求重新评判。

6.所有试件评判完成后，裁判员应将各类外观得分较高的试件进行再次比对确认，以确保评判的准确性。

7.评判组应逐张逐项复核评判成绩表，做到记录的各项数据清晰准确、签字完整无遗漏。

8.各评判小组按各类试件编码统计外观成绩并上交组长，经组长确认无误后，由组长向裁判长提交分数汇总表和外观成绩分析点评报告。

9.裁判员不得向本小组以外任何人员透露各类试件检测结果。

10.外观评定组组长应全过程参与成绩汇总工作。

（六）气密性评判组裁判员职责

1.裁判员在组长的带领下,认真做好评判前的检查工作。

（1）裁判员应按组长的安排,分工检查评判场所条件、检测试验设备、各种评判记录表格是否满足要求；

（2）组长应认真核查保密组移交来的试件,核查无误后,办理流转卡并将试件分配给各评判小组进行评判,核查内容包括两个方面：

①核对试件数量；

②检查各试件是否都有编码,检查编码有无异常,有无其他不符合竞赛规定的痕迹。

2.裁判员应按竞赛规定进行气密性试验。

3.凡在评判中存在缺陷的试件,裁判员应在缺陷处标出记号,记录缺陷状况,并交由组长确认。组长确认无误后,应将试件单独存放,并向裁判长汇报。

4.所有试件检测完成后,各评判小组应逐张逐项复核评判成绩表,按试件编码统计分数并上交组长,由组长向裁判长提交分数汇总表和成绩分析点评报告。

5.组长应全过程参与成绩汇总工作。

附件1:竞赛日程安排(详见《赛务指南》"竞赛日程安排")

附件2

理论竞赛现场监考记录表

第　　　场

考试时间	年　月　日　时　分～　时　分				
应到人数		实到人数		缺考人数	
准考证号			缺考证号		
考场情况记录					
监考人员签名					

附件3:非金属(PE)焊接技能竞赛实操过程评分表[详见《山东省"技能兴鲁"职业技能大赛非金属(PE)焊接职业技能竞赛技术方案》附件4]

参考资料

附件 4

非金属(PE)焊接技能竞赛实操焊口外观检查评分表

试件编号：

序号	项目	操作内容	评分要求	分值	扣分标准	实评得分	备注
1	焊件检查	热熔焊口外观检测	卷边应沿整个外圆周平滑对称,尺寸均匀、饱满、圆润。翻边不得有切口或者缺口状缺陷,不得有明显的海绵状浮渣出现,无明显的气孔	3	有一条不满足扣1分		
2			卷边的中心高度必须大于零	2	高度小于零扣2分		
3			焊接处的错边量不得超过管材壁厚的10%	2	错边量超出范围扣2分		
4		电熔承插焊口外观检测	电熔管件应当完整无损,无变形及变色	1	电熔管件变形或变色扣1分		
5			从观察孔应当能看到有少量的聚乙烯顶出,但是顶出物不得呈流淌状,焊接表面不得有熔融物溢出	2	观察孔及管件两侧、周边冒出熔料扣2分		
6			电熔管件承插口应当与焊接的管材保持同轴	1	不同轴扣1分		

续表

序号	项目	操作内容	评分要求	分值	扣分标准	实评得分	备注
7	焊件检查	电熔鞍型焊口外观检测	检查管材整个圆周的刮削痕迹	2	无刮削痕迹扣2分		
8			鞍型管件焊接处周围应当有刮削痕迹	2	无刮削痕迹扣2分		
9			鞍型管件中心与焊缝（管材与弯头）中心距离20 cm	4	偏差增加2 mm扣1分，以此类推。不足2 mm按2 mm计算		
10			鞍型安装方向	4	与图纸要求一致，错误扣4分		
11	实测项	试件DN110管材尺寸检测	DN110管材两焊缝间距离（400±10）mm	—	不满足尺寸要求总分值扣5分		
总计	分值总计：23分				实评得分：		

检测完成时间：　　　　时　　　分

裁判签名：

附件5

非金属(PE)焊接技能竞赛气密性试验记录表

试件编号：

项目	检测项目	评分要求	扣分标准	实评得分	备注
最终检测项	气密性试验	0.2 MPa保压5分钟，无活动气泡	漏气实操总分值扣20分		

检测完成时间：　　　　时　　　分

裁判签名：

143

第一届非金属(PE)焊接技能竞赛焊接工艺卡

一、基础信息	姓名：		参赛号码：		
	场次：　日第　场		考位：　号		
二、热熔焊接工艺参数 (1)	管径：110 mm		标准尺寸比：SDR17	壁厚：6.3 mm	
	首次测量拖动摩擦力：　MPa		错边量：≤0.3 mm	加热板温度(实测值)：　℃	
	二次测量拖动摩擦力：　MPa		熔接压力：　MPa 计算过程：		
	凸起高度：1.0 mm				
	吸热时间：　秒				
	切换时间：≤5 秒				
	增压时间：<6 秒				
	冷却时间：9 分钟				
二、热熔焊接工艺参数 (2)	管径：110 mm		标准尺寸比：SDR11	壁厚：10 mm	
	首次测量拖动摩擦力：　MPa		错边量：≤0.3 mm	加热板温度(实测值)：　℃	
	二次测量拖动摩擦力：　MPa		熔接压力：　MPa 计算过程：		
	凸起高度：1.5 mm				
	吸热时间：100 秒				
	切换时间：≤6 秒				
	增压时间：<7 秒				
	冷却时间：14 分钟				
三、电熔焊接工艺参数	管材管径：110 mm		标准尺寸比：SDR17.6	壁厚：6.3 mm	
	管件名称：鞍型旁通 规格：∅110/63 mm		熔接时间：　秒	冷却时间：　分钟	
	管件名称：变径 规格：∅63/32 mm		熔接时间：　秒	冷却时间：　分钟	
	管件名称：端帽 规格：∅63 mm		熔接时间：　秒	冷却时间：　分钟	
	熔接电压：(39.5±0.5) V				

附件 7

非金属(PE)焊接实际操作试件流转卡(一)

<table>
<tr><td></td><td></td><td>模块 1
数量</td><td>模块 2
数量</td><td>模块 3
数量</td><td>郑重承诺</td></tr>
<tr><td rowspan="2">移交保密组</td><td>现场监考组</td><td></td><td></td><td></td><td>本人将严格执行竞赛规则,履行竞赛程序,自觉遵守保密规定,任何情况下绝不以任何方式向外泄露竞赛秘密事项。如有违反,愿承担后果,接受处罚。
承诺人(签字):</td></tr>
<tr><td>保密组</td><td></td><td></td><td></td><td>本人将严格执行竞赛规则,履行竞赛程序,自觉遵守保密规定,任何情况下绝不以任何方式向外泄露竞赛秘密事项。如有违反,愿承担后果,接受处罚。
承诺人(签字):</td></tr>
<tr><td rowspan="2">移交外观组</td><td>保密组</td><td></td><td></td><td></td><td>本人将严格执行竞赛规则,履行竞赛程序,自觉遵守保密规定,任何情况下绝不以任何方式向外泄露竞赛秘密事项。如有违反,愿承担后果,接受处罚。
承诺人(签字):</td></tr>
<tr><td>外观评判组</td><td></td><td></td><td></td><td>本人将严格执行竞赛规则,履行竞赛程序,自觉遵守保密规定,任何情况下绝不以任何方式向外泄露竞赛秘密事项。如有违反,愿承担后果,接受处罚。
承诺人(签字):</td></tr>
<tr><td rowspan="2">移交保密组</td><td>外观评判组</td><td></td><td></td><td></td><td>本人将严格执行竞赛规则,履行竞赛程序,自觉遵守保密规定,任何情况下绝不以任何方式向外泄露竞赛秘密事项。如有违反,愿承担后果,接受处罚。
承诺人(签字):</td></tr>
<tr><td>保密组</td><td></td><td></td><td></td><td>本人将严格执行竞赛规则,履行竞赛程序,自觉遵守保密规定,任何情况下绝不以任何方式向外泄露竞赛秘密事项。如有违反,愿承担后果,接受处罚。
承诺人(签字):</td></tr>
</table>

非金属(PE)焊接实际操作试件流转卡(二)

		模块 1 数量	模块 2 数量	模块 3 数量	郑重承诺
移交保密组	现场监考组				本人将严格执行竞赛规则,履行竞赛程序,自觉遵守保密规定,任何情况下绝不以任何方式向外泄露竞赛秘密事项。如有违反,愿承担后果,接受处罚。 承诺人(签字):
	保密组				本人将严格执行竞赛规则,履行竞赛程序,自觉遵守保密规定,任何情况下绝不以任何方式向外泄露竞赛秘密事项。如有违反,愿承担后果,接受处罚。 承诺人(签字):
移交气密性评判组	保密组				本人将严格执行竞赛规则,履行竞赛程序,自觉遵守保密规定,任何情况下绝不以任何方式向外泄露竞赛秘密事项。如有违反,愿承担后果,接受处罚。 承诺人(签字):
	气密性评判组				本人将严格执行竞赛规则,履行竞赛程序,自觉遵守保密规定,任何情况下绝不以任何方式向外泄露竞赛秘密事项。如有违反,愿承担后果,接受处罚。 承诺人(签字):
移交保密组	气密性评判组				本人将严格执行竞赛规则,履行竞赛程序,自觉遵守保密规定,任何情况下绝不以任何方式向外泄露竞赛秘密事项。如有违反,愿承担后果,接受处罚。 承诺人(签字):
	保密组				本人将严格执行竞赛规则,履行竞赛程序,自觉遵守保密规定,任何情况下绝不以任何方式向外泄露竞赛秘密事项。如有违反,愿承担后果,接受处罚。 承诺人(签字):

附件 8

理论竞赛试卷流转卡

		考场记录表、试卷数量	数据包数量	郑重承诺
移交保密组	理论组			本人将严格执行竞赛规则,履行竞赛程序,自觉遵守保密规定,任何情况下绝不以任何方式向外泄露竞赛秘密事项。如有违反,愿承担后果,接受处罚。 承诺人(签字):
	保密组			本人将严格执行竞赛规则,履行竞赛程序,自觉遵守保密规定,任何情况下绝不以任何方式向外泄露竞赛秘密事项。如有违反,愿承担后果,接受处罚。 承诺人(签字):
移交监考组	保密组			本人将严格执行竞赛规则,履行竞赛程序,自觉遵守保密规定,任何情况下绝不以任何方式向外泄露竞赛秘密事项。如有违反,愿承担后果,接受处罚。 承诺人(签字):
	监考组			本人将严格执行竞赛规则,履行竞赛程序,自觉遵守保密规定,任何情况下绝不以任何方式向外泄露竞赛秘密事项。如有违反,愿承担后果,接受处罚。 承诺人(签字):
移交保密组	监考组			本人将严格执行竞赛规则,履行竞赛程序,自觉遵守保密规定,任何情况下绝不以任何方式向外泄露竞赛秘密事项。如有违反,愿承担后果,接受处罚。 承诺人(签字):
	保密组			本人将严格执行竞赛规则,履行竞赛程序,自觉遵守保密规定,任何情况下绝不以任何方式向外泄露竞赛秘密事项。如有违反,愿承担后果,接受处罚。 承诺人(签字):

参考资料 4 山东省"技能兴鲁"职业技能大赛非金属(PE)焊接职业技能竞赛 HSE 手册

一、意义

竞赛时的环境、设备、工具、时间限制以及参赛选手情绪紧张与激动,是对健康、安全和环境(HSE)的一项挑战。HSE 手册是所有参与赛事活动的人员遵守国家和地方政府有关 HSE 法律、法规和其他要求,保护环境,消除职业危害,保护全体人员身心健康的一种保证。它是所有参与赛事活动的人员进行健康、安全与环境管理活动的行为准则,所有人员必须严格遵照执行。

二、方针

安全第一,预防为主,以人为本,全员参与。

三、目标

通过对所有参与赛事活动的人员进行 HSE 宣贯,不断提高所有人员的 HSE 意识和自我保护及防护能力,实现零伤害。

四、责任

(1)承办单位负责所有基础设施、设备的安全。

(2)除了由承办单位过失而导致的伤害或财产损失外,承办单位不对任何伤亡、财产损失负责或进行赔偿。

(3)参赛选手必须熟悉相关职业健康和安全法规,并认真阅读本 HSE 手册。

五、个人防护用品

参赛选手开始操作前,应按操作要求穿戴适当的个人防护用品。

1. 头部防护

根据具体工作内容,使用适当的防撞安全帽。当操作旋转机械时,长发必须束于后方,或者佩戴发网。

2. 听力防护

当噪声等级超过 85 分贝、持续时间超过 8 小时的情况下,赛场内所有人员必须使用耳罩或耳塞等听力防护装置。

3. 眼睛和面部防护

在进行以下工作时,必须使用眼睛与面部防护用品:

(1)金属焊接、磨削、切削作业时。

(2)使用机械转动的工具时。

(3)接触酸、碱、消毒剂或腐蚀性物品时。

(4)接触有毒有害物质,可能对眼睛或其他面部器官有伤害时。

4. 手部防护

根据实际工作内容,选择适当的防护手套:

(1)机床或其他设备可能对手部造成割裂、穿刺、撕裂、磨伤等危害时,佩戴皮质或布质手套。

(2)在潮湿环境下工作或需要接触化学物质时,佩戴塑料或橡胶手套。

(3)工作中有可能接触高温物体,有烫伤危险时,佩戴布质手套或线手套。

(4)工作时,佩戴的手套应大小合适。

(5)操作移动、旋转部件时,不得佩戴手套。

5. 足部及膝部防护

(1)竞赛期间必须始终穿着安全鞋,禁止穿着便鞋、拖鞋、凉鞋及高跟鞋。

(2)任何需要膝部跪姿工作的,都需要佩戴膝部防护用品,膝部防护用品应根据实际工作和场地进行选择。

6. 呼吸防护装置

呼吸防护装置必须根据污染类型和浓度进行选择。使用时,还必须遵循呼吸防护装置使用指南和使用限制。

7. 防护服

竞赛期间必须穿着合身(紧身)的防护服,不得佩戴任何珠宝饰物,包括项链、耳环、戒指、手镯、手表等。着装应做好静电防护。

六、焊接机具

(1)热熔和电熔焊机应分别符合 GB/T 20674.1—2006 和 GB 20674.2—2006 标准。

(2)在使用焊机前,选手应检查并确保焊机处于良好状态。

(3)焊机接电前,检查焊机开关是否处于"关"状态。

(4)加热板最高温度可达 250 ℃,因此有必要注意以下各项:

①戴防护手套;

②加热板在焊接完成后应放入专用加热板支架;

③提加热板时应抓着把手;

④身体切勿直接接触加热板;

⑤焊接完成后,切记切断加热板电源;

⑥切记不能用手触摸加热板。

(5)液压部分应动作灵活,工作时将液压部件水平牢固安置,搬动时提两侧把手。

(6)切记不可将液压部件竖直放置,以免发生漏油现象。

七、切削

(1)管材、管件铣削前,应确保管件端面清洁无杂物,以免损伤刮削刀片。

(2)管件铣削完毕后,待铣刀盘停止转动后,再取下铣刀盘进行存放。

(3)提取铣刀时应提着把手。

(4)铣刀装在焊机架上并插上安全销后,才可打开开关启动工作。

(5)铣刀应放在机架的安全位置上,使其主开关处于锁定位置。

(6)切勿乱调整铣刀微动开关。

(7)铣刀铣削完毕后应放入专用铣刀支架。

(8)切刀和刮刀的使用要按规定进行,并注意防护和安全。

八、用电安全

(1)供电线路和用电设备的安装、维修或拆除,必须由具备电工操作资格的人员进行。

(2)任何电气设备在没有验明无电时,应一律认为有电,不得盲目触及。

（3）所有的电线接头都不得裸露，必须按照规定用绝缘物可靠包覆，并置于不易碰触的地方。

（4）所有的电气设备如配电箱、开关盒、电动机等都应保持干燥、清洁，清扫不准用水冲洗，需擦拭电气设备时，必须停机、停电进行。电气设备周围不准堆放杂物。

（5）在潮湿环境中不宜带电作业，一般作业应穿绝缘靴或站在绝缘台上。禁止湿手触摸开关、插座、灯具或高压线缆等。

（6）移动焊接设备、照明灯具等电气设备时，应首先切断电源。禁止用电线或电缆当作绳索拉拽或起吊物品。

（7）使用手持电动工具应符合现行国家标准（GB/T 3787—2017）《手持式电动工具的管理、使用、检查和维修安全技术规程》的规定。

（8）选手操作安全：

①在开始工作前，选手必须按规定穿戴好相应的劳动防护用品，并对设备、线缆、接点及接地等情况进行目视检查；

②当发现电气设备存在缺陷或故障时，选手应立即停止操作，并立即报告监考裁判，不得擅自处理；

③不得进行与竞赛活动无关的电气工作；

④停止操作时，选手必须关闭设备电源。

九、消防安全

1.预防

（1）避免堆积易燃材料。如材料确实为竞赛所需，赛场只允许存放当日所需的材料。

（2）高度易燃的废弃物，如纸张、油棉纱、废机油等必须扔在专门的垃圾桶中，垃圾桶放置位置应安全，且垃圾桶每日至少倒空一次。

（3）根据赛场情况，配备足够的灭火器。

（4）不得拆除消防设施。

（5）承办单位应在每个场地安排一名经过消防培训的工作人员。

2.一旦发生火灾

（1）立即拉响警报。

（2）选手立即关闭设备，迅速离开现场。

（3）所有人员必须立即疏散，集合到室外预定地点。

（4）如果有人处于危险状态，应立即给予帮助或呼唤他人进行帮助。

3. 灭火

（1）首先确保人身安全。

（2）当所有人员撤离危险区后，方可开始灭火。

（3）参与灭火的人员必须知道安全撤离的路径。

（4）如发现浓烟，必须立即疏散该区域所有人员。同时，消防安全员应迅速检查冒烟部位，防止危险扩大。

（5）根据火灾介质，选用合适的灭火器。

4. 吸烟

所有室内区域均为禁烟区，只允许在指定区域吸烟。

十、赛场整洁

（1）赛场应保持整洁，尤其是选手操作区和紧急疏散通道，禁止堆放任何杂物。

（2）电缆需要横穿交通道路时，必须使用电缆过桥板保护。

（3）选手必须确保自身设备、工具及材料等不会妨碍其他选手。

（4）操作结束后，选手必须将工位清理干净。

十一、应急处理

（1）安全疏散和救援通道必须保持畅通，并有明显的标志。

（2）所有参赛人员应知道逃生和救援通道的位置和方向。竞赛活动中，通道不得变更。

（3）消防通道必须保持畅通。

（4）一旦发生事故，承办单位指定的人员必须迅速协助紧急救护。

（5）如有任何参赛人员生病或发生事故，应立即告知组委会进行救助。

（6）为了快速对紧急状况做出响应，赛场应设立紧急护理站。

（7）一旦出现突发事故，须本着"先救人后救物，先救重后救轻"的原则，做好人身安全的应急处置和抢险救援工作。

（8）火灾发生时，所有人员不要慌张，裁判应立即向组委会汇报，并及时做好现场处理工作；灾情重大时，立即组织所有人员疏散，撤离危险场所。

（9）触电事故发生后，裁判应立即切断电源，防止抢救过程中发生二次触电伤害，并告知组委会，立即将遇险者送医院抢救。

（10）对突发性暴力事件和吵闹事件，裁判应及时制止，并向组委会汇报。

（11）竞赛期间若发生大面积停电，裁判应立即控制竞赛现场局面，并及时向组委会汇报。

（12）若个别工位出现断电事故，裁判应及时通知相关责任人进行处理。对因断电引起的时间损失，在断电事故处理结束后，裁判应及时报告裁判长进行处理。

（13）竞赛期间，组委会应派人不间断地做好巡视工作并做好记录，对发现的隐患应及时落实相关人员进行处置，防患未然。

选手在赛前必须仔细阅读本手册，选手签名后，就表明已经知悉以上条款和规定。

任何违反本手册规定的选手将有可能会被取消比赛资格！

图书在版编目(CIP)数据

非金属焊接职业技能竞赛指导读本/赵澍主编. —
济南:山东大学出版社,2018.11
ISBN 978-7-5607-6253-1

Ⅰ.①非… Ⅱ.①赵… Ⅲ.①非金属材料-焊接-自
学参考资料 Ⅳ.①TG457

中国版本图书馆 CIP 数据核字(2018)第 288620 号

责任编辑:毕文霞
封面设计:牛　钧

出版发行:山东大学出版社
　　　社　　址　山东省济南市山大南路 20 号
　　　邮　　编　250100
　　　电　　话　市场部(0531)88363008
经　　销:新华书店
印　　刷:济南华林彩印有限公司
规　　格:720 毫米×1000 毫米　1/16
　　　　　10.25 印张　190 千字
版　　次:2018 年 11 月第 1 版
印　　次:2018 年 11 月第 1 次印刷
定　　价:25.00 元